海上絲綢之路基本文獻叢書

蠶桑萃編（一）

〔清〕衛杰 編

文物出版社

圖書在版編目（CIP）數據

蠶桑萃編. 一 /（清）衛杰編. -- 北京 : 文物出版社, 2023.3
（海上絲綢之路基本文獻叢書）
ISBN 978-7-5010-7933-9

Ⅰ. ①蠶… Ⅱ. ①衛… Ⅲ. ①蠶桑生産－中國－清代
Ⅳ. ①S88

中國國家版本館 CIP 數據核字（2023）第 026239 號

海上絲綢之路基本文獻叢書

蠶桑萃編（一）

編　　者：〔清〕衛杰
策　　劃：盛世博閱（北京）文化有限責任公司

封面設計：鞏榮彪
責任編輯：劉永海
責任印製：王　芳

出版發行：文物出版社
社　　址：北京市東城區東直門内北小街 2 號樓
郵　　編：100007
網　　址：http://www.wenwu.com
經　　銷：新華書店
印　　刷：河北賽文印刷有限公司
開　　本：787mm×1092mm　1/16
印　　張：14.75
版　　次：2023 年 3 月第 1 版
印　　次：2023 年 3 月第 1 次印刷
書　　號：ISBN 978-7-5010-7933-9
定　　價：98.00 圓

總緒

海上絲綢之路，一般意義上是指從秦漢至鴉片戰爭前中國與世界進行政治、經濟、文化交流的海上通道，主要分爲經由黄海、東海的海路最終抵達日本列島及朝鮮半島的東海航綫和以徐聞、合浦、廣州、泉州爲起點通往東南亞及印度洋地區的南海航綫。

在中國古代文獻中，最早、最詳細記載『海上絲綢之路』航綫的是東漢班固的《漢書·地理志》，詳細記載了西漢黄門譯長率領應募者入海『齎黄金雜繒而往』之事，書中所出現的地理記載與東南亞地區相關，并與實際的地理狀況基本相符。

東漢後，中國進入魏晋南北朝長達三百多年的分裂割據時期，絲路上的交往也走向低谷。這一時期的絲路交往，以法顯的西行最爲著名。法顯作爲從陸路西行到印度，再由海路回國的第一人，根據親身經歷所寫的《佛國記》（又稱《法顯傳》）一書，詳細介紹了古代中亞和印度、巴基斯坦、斯里蘭卡等地的歷史及風土人情，是瞭解和研究海陸絲綢之路的珍貴歷史資料。

隨着隋唐的統一，中國經濟重心的南移，中國與西方交通以海路爲主，海上絲綢之路進入大發展時期。廣州成爲唐朝最大的海外貿易中心，朝廷設立市舶司，專門管理海外貿易。唐代著名的地理學家賈耽（七三〇～八〇五年）的《皇華四達記》記載了從廣州通往阿拉伯地區的海上交通『廣州通海夷道』，詳述了從廣州港出發，經越南、馬來半島、蘇門答臘島至印度、錫蘭，直至波斯灣沿岸各國的航綫及沿途地區的方位、名稱、島礁、山川、民俗等。譯經大師義净西行求法，將沿途見聞寫成著作《大唐西域求法高僧傳》，詳細記載了海上絲綢之路的發展變化，是我們瞭解絲綢之路不可多得的第一手資料。

宋代的造船技術和航海技術顯著提高，指南針廣泛應用於航海，中國商船的遠航能力大大提升。北宋徐兢的《宣和奉使高麗圖經》詳細記述了船舶製造、海洋地理和往來航綫，是研究宋代海外交通史、中朝友好關係史、中朝經濟文化交流史的重要文獻。南宋趙汝适《諸蕃志》記載，南海有五十三個國家和地區與南宋通商貿易，形成了通往日本、高麗、東南亞、印度、波斯、阿拉伯等地的『海上絲綢之路』。宋代爲了加强商貿往來，於北宋神宗元豐三年（一〇八〇年）頒布了中國歷史上第一部海洋貿易管理條例《廣州市舶條法》，并稱爲宋代貿易管理的制度範本。

元朝在經濟上採用重商主義政策，鼓勵海外貿易，中國與世界的聯繫與交往非常頻繁，其中馬可·波羅、伊本·白圖泰等旅行家來到中國，留下了大量的旅行記，記録元代海上絲綢之路的盛况。元代的汪大淵兩次出海，撰寫出《島夷志略》一書，記録了二百多個國名和地名，其中不少首次見於中國著録，涉及的地理範圍東至菲律賓群島，西至非洲。這些都反映了元朝時中西經濟文化交流的豐富内容。

明、清政府先後多次實施海禁政策，海上絲綢之路的貿易逐漸衰落。但是從明永樂三年至明宣德八年的二十八年裏，鄭和率船隊七下西洋，先後到達的國家多達三十多個，在進行經貿交流的同時，也極大地促進了中外文化的交流，這些都詳見於《西洋蕃國志》《星槎勝覽》《瀛涯勝覽》等典籍中。

關於海上絲綢之路的文獻記述，除上述官員、學者、求法或傳教高僧以及旅行者的著作外，自《漢書》之後，歷代正史大都列有《地理志》《四夷傳》《西域傳》《外國傳》《蠻夷傳》《屬國傳》等篇章，加上唐宋以來衆多的典制類文獻、地方史志文獻，集中反映了歷代王朝對於周邊部族、政權以及西方世界的認識，都是關於海上絲綢之路的原始史料性文獻。

海上絲綢之路概念的形成，經歷了一個演變的過程。十九世紀七十年代德國地理學家費迪南·馮·李希霍芬（Ferdinad Von Richthofen，一八三三～一九〇五），在其《中國：親身旅行和研究成果》第三卷中首次把輸出中國絲綢的東西陸路稱爲『絲綢之路』。有『歐洲漢學泰斗』之稱的法國漢學家沙畹（Édouard Chavannes，一八六五～一九一八），在其一九〇三年著作的《西突厥史料》中提出『絲路有海陸兩道』，蘊涵了海上絲綢之路最初提法。迄今發現最早正式提出『海上絲綢之路』一詞的是日本考古學家三杉隆敏，他在一九六七年出版《中國瓷器之旅：探索海上的絲綢之路》中首次使用『海上絲綢之路』一詞；一九七九年三杉隆敏又出版了《海上絲綢之路》一書，其立意和出發點局限在東西方之間的陶瓷貿易與交流史。

二十世紀八十年代以來，在海外交通史研究中，『海上絲綢之路』一詞逐漸成爲中外學術界廣泛接受的概念。根據姚楠等人研究，饒宗頤先生是中國學者中最早提出『海上絲綢之路』的人，他的《海道之絲路與昆侖舶》正式提出『海上絲路』的稱謂。選堂先生評價海上絲綢之路是外交、貿易和文化交流作用的通道。此後，學者馮蔚然在一九七八年編寫的《航運史話》中，也使用了『海上絲綢之路』一詞，此書更多地限於航海活動領域的考察。一九八〇年北京大學陳炎教授提出『海上絲綢之路』研究，并於一九八一年發表《略論海上絲綢之路》一文。他對海上絲綢之路的理解超越以往，且帶有濃厚的愛國主義思想。陳炎教授之後，從事研究海上絲綢之路的學者越來越多，尤其沿海港口城市向聯合國申請海上絲綢之路非物質文化遺産活動，將海上絲綢之路研究推向新高潮。另外，國家把建設『絲綢之路經濟帶』和『二十一世紀海上絲綢之路』作爲對外發展方針，將這一學術課題提升爲國家願景的高度，使海上絲綢之路形成超越學術進入政經層面的熱潮。

與海上絲綢之路學的萬千氣象相對應，海上絲綢之路文獻的整理工作仍顯滯後，遠遠跟不上突飛猛進的研究進展。二〇一八年厦門大學、中山大學等單位聯合發起『海上絲綢之路文獻集成』專案，尚在醞釀當中。我們不揣淺陋，深入調查，廣泛搜集，將有關海上絲綢之路的原始史料文獻和研究文獻，分爲風俗物産、雜史筆記、海防海事、典章檔案等六個類别，彙編成《海上絲綢之路歷史文化叢書》，於二〇二〇年影印出版。此輯面市以來，深受各大圖書館及相關研究者好評。爲讓更多的讀者親近古籍文獻，我們遴選出前編中的菁華，彙編成《海上絲綢之路基本文獻叢書》，以單行本影印出版，以饗讀者，以期爲讀者展現出一幅幅中外經濟文化交流的精美畫卷，爲海上絲綢之路的研究提供歷史借鑒，爲『二十一世紀海上絲綢之路』倡議構想的實踐做好歷史的詮釋和注脚，從而達到『以史爲鑒』『古爲今用』的目的。

凡例

一、本編注重史料的珍稀性，從《海上絲綢之路歷史文化叢書》中遴選出菁華，擬出版數百册單行本。

二、本編所選之文獻，其編纂的年代下限至一九四九年。

三、本編排序無嚴格定式，所選之文獻篇幅以二百餘頁爲宜，以便讀者閱讀使用。

四、本編所選文獻，每種前皆注明版本、著者。

五、本編文獻皆爲影印，原始文本掃描之後經過修復處理，仍存原式，少數文獻由於原始底本欠佳，略有模糊之處，不影響閱讀使用。

六、本編原始底本非一時一地之出版物，原書裝幀、開本多有不同，本書彙編之後，統一爲十六開右翻本。

目録

蠶桑萃編（一）

蠶桑萃編（一）

卷首至卷二

〔清〕衛杰 編

清光緒二十五年刻本

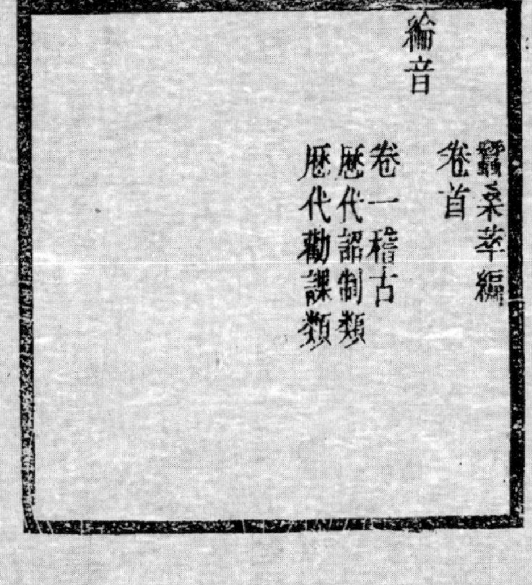

蠶桑萃編

卷首　綸音

卷一　稽古

歷代詔制類

歷代勸課類

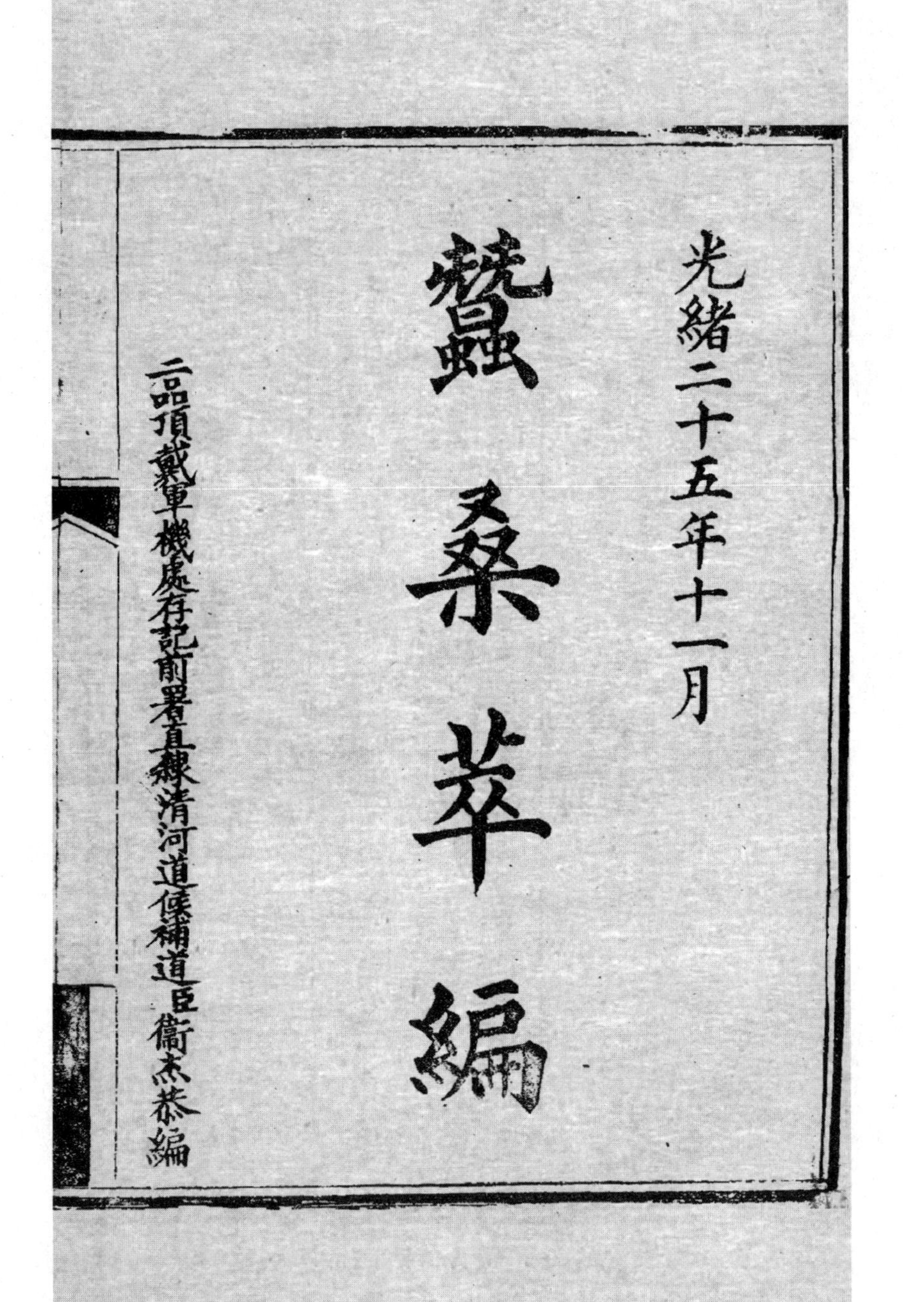

光緒二十五年十一月

蠶桑萃編

二品頂戴軍機處存記前署直隸清河道候補道臣衞杰恭編

綸音

蠶桑萃編卷首

綸音目錄

蠶桑萃編

綸音卷首

聖祖仁皇帝詔

朕處深宫之中日以閭閻生計爲念每巡歷郊甸必循視農桑周諮耕耨田間事宜知之最悉誠能預籌稿事廣備災祲庶幾大有裨益

康熙三十三年四月十三日

御製耕織圖序

朕早夜勤毖研求治理念生民之本以衣食爲天嘗讀豳風無逸諸篇其言稼穡蠶桑纖悉具備昔人以此被之管絃列於典誥有天下國家者洵不可不留連三復於其際也西漢詔令最爲近古其言曰農事傷則饑之本也女紅害則寒之原也又曰老者以壽終幼孤得遂長欲臻斯理者舍本務其曷以哉朕每巡省風謠樂觀農事於南北土疆之性黍稌播種之宜節候早晚之殊蝗蝻捕治之法素愛諮詢知此甚晰聽政時恆與諸臣工言之於豐澤園之側治田數

畦環以溪水阡陌井然在目桔橰之聲盈耳歲收嘉禾數十鍾隴畔樹桑傍列蠶舍浴繭繅絲恍然如茆簷蔀屋因構知稼軒秋雲亭以臨觀之古人有言衣帛當思織女之寒食粟當念農夫之苦朕惓惓於此至深且切也爰臨耕織圖各二十三幅朕每幅製詩一章以吟詠其勤苦而書之於圖自始事迄終事農人胼手胝足之勞蠶女繭絲機杼之瘁咸備極其情狀復命鏤版流傳用以示子孫臣庶俾知粒食維艱授衣匪易書曰惟土物愛厥心臧庶於斯圖有所感發焉且欲令寰宇之內皆敦崇本業勤以謀之儉以

積之衣食豐饒以共躋於安和富壽之域斯則朕嘉

惠元元之至意也夫

康熙三十五年春二月社日

御製詩

浴蠶

豳風曾著授衣篇蠶事初興穀雨天更考公桑傳禮制先宜浴種向晴川

二眠

柔桑初翦綠參差陌上歸來日正遲郵舍家家簾幕靜春蠶新長再眠時

三眠

紅女勤劬日載陽鳴鳩拂羽恰條桑只因三臥蠶將老翦燭多爲夜未央

大起

春深處處掩茅堂滿架吳蠶婦子忙料得今年收繭

倍冰絲雪縷可盈筐

捉績

連宵食葉正紛紛風雨聲喧隔戶聞喜見新蠶瑩似

玉燈前檢點最辛勤

分箔

愛逢晴日映疎簾新綠如雲葉漸添天氣晴和蠶事

廣移筐分箔徧茅檐

採桑

桑田雨足葉蕃滋恰是春蠶大起時負筥攜筐紛笑
語戴鵀飛上最高枝

上簇

頻執纖筐不厭疲久忘膏沐與調饑今朝士女歡顏
色看我冰蠶作繭時

炙箔

蠶性由來苦畏寒深垂簾幕夜將闌爐頭未爇松明
火老媪殷勤日探看

下簇

自昔蠶繅重婦功曾聞獻繭在深宮披圖喜見纍纍

滿茅屋清光積雪同

擇繭

氷繭方堪作素紈重綿亦藉禦深寒就中自有因材

法揀取傞間次第觀

窖繭

一年蠶事已成功歷數從前屬女紅聞說及時還窖

繭荷鋤又向綠陰中

練絲

炊煙處處繞柴籬翠釜香生煮繭時無限經綸從此

出盆頭喜色動雙眉

蠶蛾

蛾兒布子如金粟水際分飛任所之莫令繭絲遺利盡來年留作授衣資

祀謝

勞勞拜簇祭神桑喜得絲成願已償自是西陵功德盛萬年衣被澤無疆

緯

綠陰掩映野人家每到蠶時靜不譁一自夏初成繭後籬邊新聽響繅車

織

從來蠶績女功多當念勤勞惜綺羅織婦絲絲經手

作夜窗猶自未停梭

絡

無衣卒歲早關情寒氣催入蟋蟀聲茅屋疎籬秋夜

永短檠相對絡絲成

經

織紝精勤有季蘭韋絲分理製羅紈鳴機來往桑陰

裏已作吳綃匹練看

染色

凝膏比潔絡新絲傳得仙方色陸離一代文明資賁

飾須教五采備彰施

攀花

巧樣爭傳濯錦文堪憐織女最殷勤雲章霞綵娛人意自著尋常縞布裙

翦帛

手把齊紈冰雪清秋衣欲製重含情逡巡莫漫施刀尺萬縷千絲織得成

成衣

已成束帛又縫紉始得衣裳可庇身自昔宮庭多澣濯總憐蠶織重勞人

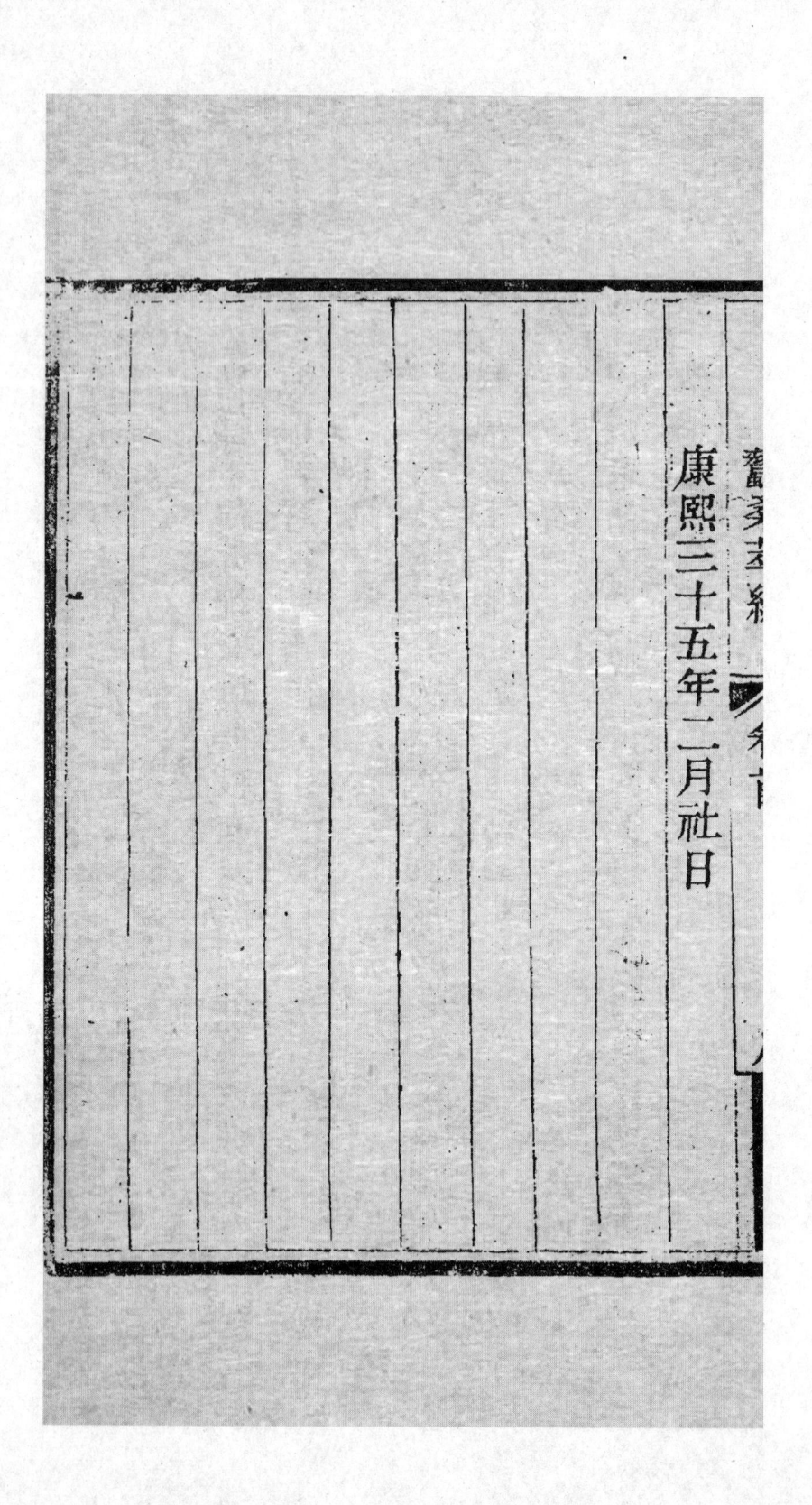

康熙三十五年二月社日

聖諭廣訓第四條重農桑以足衣食

朕聞養民之本在於衣食農桑者衣食所由出也一夫不耕或受之飢一女不織或受之寒古者天子親耕后親桑躬爲至尊不憚勤勞爲天下倡凡爲兆姓圖其本也夫衣食之道生於地長於時而聚於力本務所在稍不自力坐受其困故勤則男有餘粟女有餘帛不勤則仰不足事父母俯不足畜妻子其理然也彼南北地土雖有高下燥溼之殊然高燥者宜黍稷下溼者宜稻秔食之所出不同其爲農事一也樹桑養蠶除浙江四川湖北外餘省多不相宜然植麻

種棉或績或紡衣之所出不同其事於樹桑一也願
吾民盡力農桑勿好逸惡勞勿始勤終惰勿因天時
偶歉而輕棄田園勿慕奇贏倍利而輒改故業苟能
重本務雖一歲所入公私輸用而外羨餘無幾而日
積月累以至身家饒裕子孫世守則利賴無窮不然
而捨本逐末豈能若是之綿遠乎至爾兵隸在戍伍
不事農桑試思月有分給之餉倉有支放之米皆百
姓輸納以散給爾等各贍身家一絲一粒莫不出自
農桑爾等既啬其利當彼此相安多方捍衛使農桑
俱得盡力爾輩衣食永遠不匱則亦重有賴焉若地

方文武官僚俱有勸課之責勿奪民時勿妨民事浮
惰者懲之勤苦者勞之務使野無曠土邑無游民農
無捨其耒耜婦無休其蠶織即至山澤園圃之利雞
豚狗彘之畜亦皆養之有道取之有時以佐農桑之
不逮庶幾克勤本業而衣食之源溥矣所慮年穀豐
登或忽於儲蓄布帛充贍或侈於費用不儉之弊與
不勤等甚且貴金玉而忽菽粟工文繡而廢蠶桑相
率爲紛華靡麗之習尤爾兵民所當深戒者也自古
盛王之世老者衣帛食肉黎民不飢不寒書庶富之
盛而致教化之興其道胥由乎此我

聖祖仁皇帝念切民依嘗刊耕織圖頒行中外所以敦
本阜民者甚至朕仰惟
聖諭念民事之至重廣爲註解勸爾等力於本務余一
人衣租食稅願與天下共飽煖也
雍正二年二月初二日

上諭徐樹銘奏請飭各省舉行蠶政等語蠶政與農工並
重浙江湖北直隸等省均已辦有成效各省宜蠶之地
尚多即著各督撫飭令地方官認眞籌辦以廣利源欽
此

光緒二十三年十二月初八日

蠶桑萃編 卷首 十二

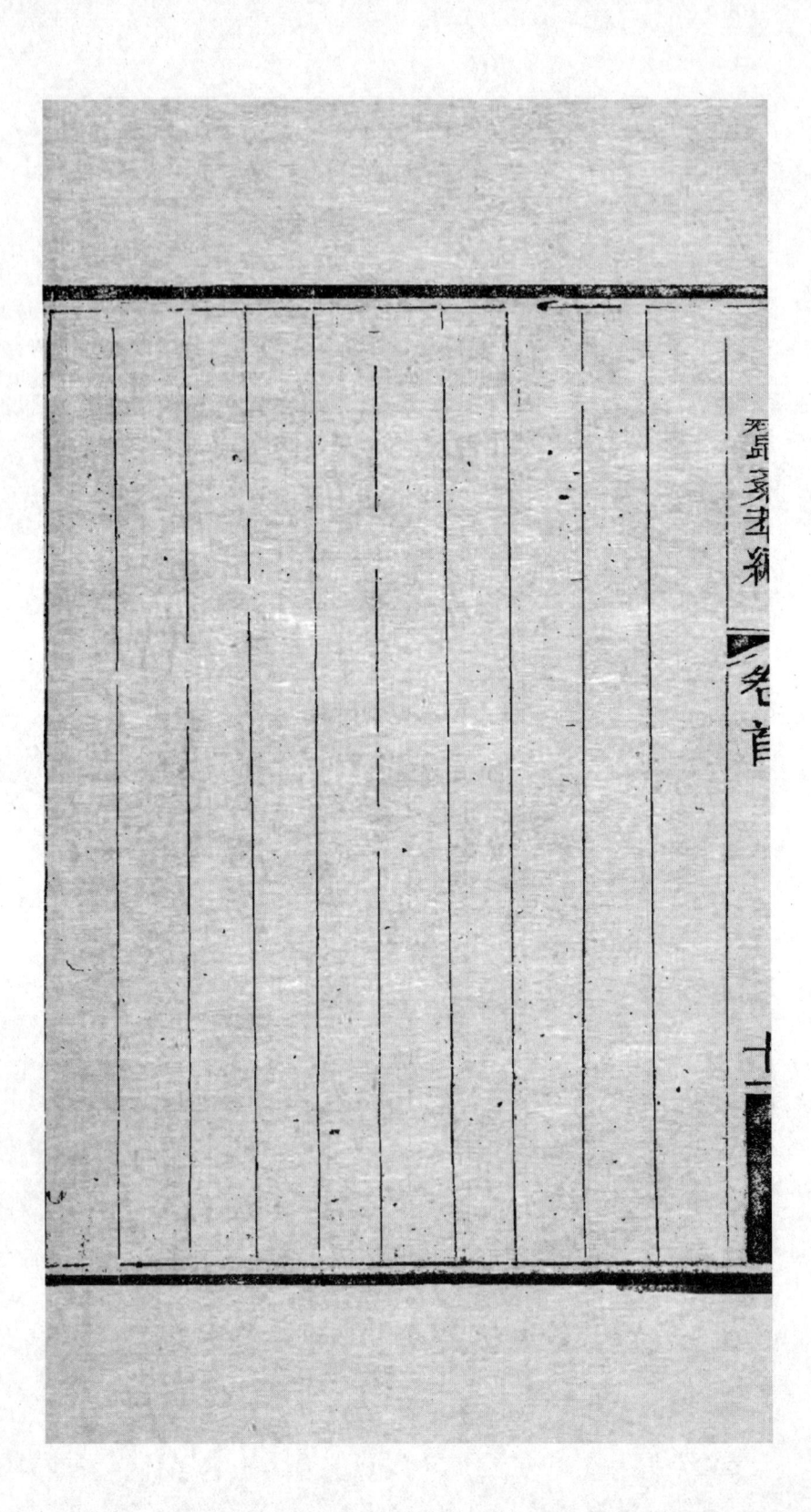

都察院左都御史臣徐樹銘片

奏再國用之富藏之於民民富則君不至獨貧民貧則君不能獨富古之訓也況戸部籌欵剖析毫釐無非取之於民大亂之後民氣未復何以支持然則莫如振斯民自有之利使之通力合作以收天地生產之精華而可以通商惠工以輔國用之不足者爲亟亟也從古大利在於農而阨之以天時之水旱不能全收其利是以西陵氏教民養蠶以補農政之不足周之祚延八百數十載而豳風一篇諄諄於爰求柔桑以伐遠揚載績獻功與農政並重者所以導民以養

之之政而可以爲教化之本也孟子言王道曰五畝之宅樹牆下以桑殷殷爲時君言之至再至三誠以爲欲重民生不能舍本務而但圖末藝也况浙江之湖州湖北之武昌直隸之保定皆已舉行收有成效海内至廣高原宜山蠶下隰宜澤蠶北方養蠶晚南方養蠶早無不可以充衣食資賦税安忍舉此南北東西數萬里之膏腴沃土而廢棄之不難而畏難苟安而不振以誤生靈而不求富積然則經國用籌兵餉之大者全在乎此其效與農等而無蠲租濟賑之害其利大於鹽而無鹽梟偷漏之害何所畏而不爲

者理合附片瀝陳仰懇

上諭飭令各省督撫一體飭令府廳州縣地方將蠶政事

理一一率行遵者保薦違者參劾不得姑寬亦不得

聽其揑辭搪塞庶從古自然之利可以興矣謹恭摺

附陳伏乞

聖鑒謹

奏

光緒二十三年十二月初八日

頭品頂戴直隸總督奴才裕祿跪

奏爲舉辦蠶政逐漸擴充以廣利源恭摺仰祈

聖鑒事竊查前准戶部咨光緒二十三年十二月初八日

奉

上諭徐樹銘奏請飭各省舉行蠶政等語蠶政與農工並

重浙江湖北直隸等省均已辦有成效各省宜蠶之地

尚多即著各督撫飭令地方官認真籌辦以廣利源欽

此當經前督臣王文部札飭省城蠶桑局移行各屬

一體遵辦嗣奉本年七月初四日

上諭桑麻絲茶等項均爲民間大利所在全在官爲董勸

庶幾各治其業成效可觀著各直省督撫督飭地方官各就土物所宜悉心勸辦以濬利源等因欽此又於七月二十六日奉

上諭刑部奏代遞主事蕭文昭條陳一摺中國出口貨以絲茶爲大宗自通商以來洋貨進口日多漏巵鉅萬恃此二項尚堪抵制乃近年出口之數銳減若非極爲整頓恐愈趨愈下益無以保此利權蕭文昭所請設立茶務學堂及蠶桑公院不爲無見著已開通商口岸及出產絲茶省分各督撫迅速籌議開辦以阜民生而固利源等因欽此復經前督臣榮祿先後檄飭遵照茲據蠶

桑局將歷年辦理蠶桑情形稟覆前來奴才伏查直
隸蠶桑局自光緒十八年候補道衞杰因直隸地脈
深厚外燥內潤蔬果之屬咸勝東南何獨不宜於桑
特患經理不得其法未覩其利先耗其貲坐視民間
自然之利無由而成深爲可惜該道籍隸四川於樹
桑育蠶之法嫻習已久擬擇保定傍水之地購覓園
場試種桑株由川招募熟手並令士著隨同學習日
後轉相傳導易於見功惟小民可與樂成難於謀始
必須官爲倡導迨有成效可覩自視爲身家性命之
圖不待官爲課督等情稟經前督臣李鴻章批飭設

局試辦令其切實講求因地制宜冀收得尺得寸之效爲北方闢此利源該道旋在省城西關購地一區種植桑秧勤加培護桑株成活蠶業繼興並飭各州縣勸諭紳民承領桑株廣爲栽種一面分頒蠶子刊發蠶桑圖說教以樹桑飼蠶繅絲之法民間知有利益踴躍奉行所出繭絲逐年增多由局收買運滬出售以暢銷路並由四川江浙雇來工匠教授紡織之法學徒領悟如貢緞巴緞江緞大緞浣花錦金銀羅綃帶等項均能仿造上年該局因成效漸著禀經王文部加派藩臬兩司籌辦以期推行盡利查直隸原

有蠶桑之處向僅深易二州完縣元氏邢臺三縣現在淸苑滿城安肅束鹿高陽安州定興望都定州深澤曲陽冀州衡水安平廣昌灤州昌黎撫甯豐潤等州縣在在皆有加以新領桑株各處共五十餘州縣茲據該局開報自光緒十八年起至二十三年止前後發出桑二千一百四十一萬五千株據報成活八九成及六七成不等本年新種成活桑苗二百五十萬株並園存五十八萬四千三百五十株共成三百一十萬四千三百五十株栽桑之法以種葚爲上而蟠根壓條移栽亦可參用接桑之法以根接爲上而

皮接葉接靨接各得其宜計種成桑一株不過值錢
二文該局所費無幾而民間獲利滋多竊思直隸既
已設有專局勑辦通省蠶桑即與公院無異自可毋
庸更張省南宜蠶之處尚多應飭該局督同各州縣
因勢利導逐漸擴充務使默化潛移蔚成風俗仰副
朝廷衣被羣生之至意所有遵辦緣由理合恭摺覆陳伏
乞
皇太后
皇上聖鑒訓示謹
奏

光緒二十四年九月初六日奉

硃批知道了欽此

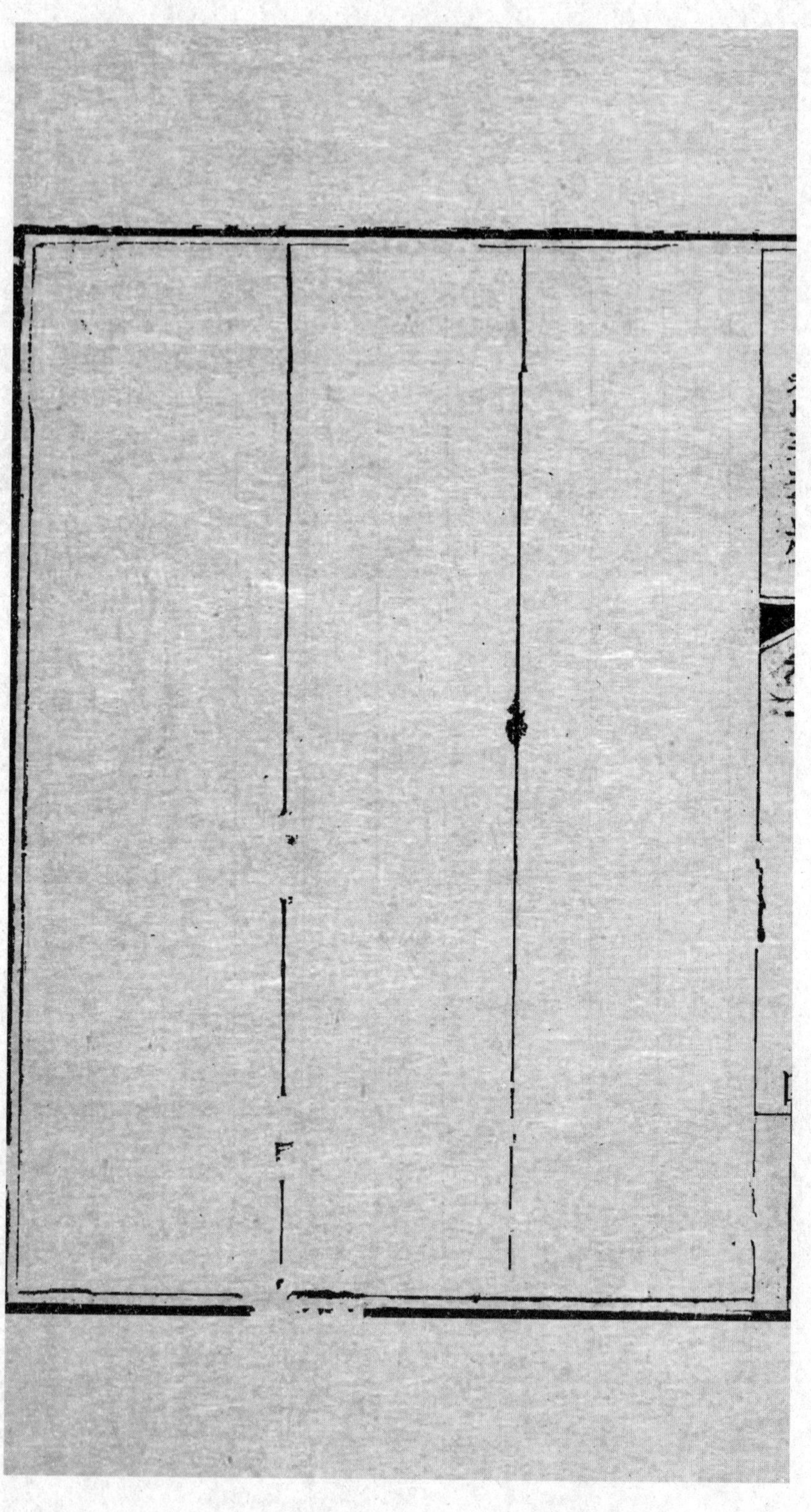

蠶桑萃編總目

卷首

綸音

蠶桑萃編總目終

稽古

蠶桑萃編卷一

稽古目錄

厤代詔制類

唐　後唐　後晉

後漢　後周　遼

宋　金　元

明

歷代勸課類

樹桑　爭桑　宜桑

葉桑　園中桑　旅生桑

附枝　再葚　食葚

葚葚　八百桑　三百桑

百廿桑　桑重生　丁桑

丁桑　種農隙　充衣

出三輔　五月葚　課桑

畝二株　禁作薪　禁剝桑

毋增賦　拔茶　論功差等

毋踐桑　須輯要　戒損桑

收葚　分畦種桑　太守佳名

蠶桑萃編稽古卷一

麻代詔制類

羲皇

太昊伏羲氏化蠶桑爲繐帛絙桑爲三十六絃以修真理性返其天真

炎帝

炎帝神農氏謹修地理教之桑麻以爲布帛

軒帝

黄帝垂裳而天下治元妃西陵氏教民養蠶

唐虞

唐堯見舜於草茅之中席隴畝而蔭庇桑陰桑陰移而受天下

夏

禹貢桑土既蠶九州各篚所織絲之織者六

商

伊陟相大戊桑生亳

周

周公勤相成王德化宣流越裳來貢嘉禾貫桑召伯就蒸庶於阡陌隴畝而聽斷百姓大悅耕桑倍力以勸

穆天子作居范宮以勸桑者遂飲桑中禁纂

秦

秦始皇遣徐福入海求一寸葚桑

漢制

漢文帝十三年二月甲寅詔曰皇后親蠶以奉祭服其具禮儀賜天下孤寡布帛絮各有數

景帝二年夏四月詔曰朕親耕后親蠶以奉宗廟粢盛祭服布告天下使明知朕意

昭帝元平元年春二月詔曰天下以農桑爲本

元帝建昭五年春二月詔曰方春農桑興百姓戮力

自盡之時也故是月勞農勸民

成帝陽朔四年春正月詔曰方東作時其令二千石

勉勸農桑出入阡陌致勞來之

平帝元始元年六月置大司農丞十三人人部一

州以勸農桑

後漢

漢光武中元二年明帝即位十二月甲寅詔曰方春

戒節人以耕桑其勅有司務順時氣使毋煩擾

明帝永平二年三月皇后帥公卿諸侯夫人蠶祠先

蠶禮以少牢

永平三年春正月癸巳詔曰有司勸督農桑夙夜匪
懈以稱朕意
永平十年夏四月戊子詔曰百姓勉務桑稼以備災
害吏敬厥職無使愆墮
章帝建初元年春正月丙寅詔曰方春東作宜及時
務二千石勉勸桑
和帝永元十三年八月詔賜桑林貧民失桑業者
蜀漢
亮爲相時對帝曰成都有桑八百株
魏

黄初七年命中宫蠶於北郊

吳

赤烏三年詔督軍郡守謹察當農桑時擾民者聞奏

晉

晉武帝太康六年楊皇后蠶於西郊

太康九年三月丁丑皇后親蠶於西郊賜帛各有差

元帝太興元年秋七月戊申詔二千石令長課桑州牧刺史互相檢察

宋

文帝元嘉八年閏六月庚子詔曰自農桑惰業遊食

者衆宜思獎訓導以良規咸使肆力地無遺利耕蠶樹藝各盡其力

孝武帝大明三年冬十月丁酉詔曰古者薦鞠青壇聿祈多慶分繭元郊以供純服來歲可使六宫妃嬪修親桑之禮

大明四年始於臺城西白石里爲西蠶設兆域置大殿七間又立蠶觀三月甲申皇后親蠶

南齊

明帝建武二年春正月己卯詔曰食爲民天義高姬載蠶實生本教重軒經前哲盛範後王茂則布令審

端咸必由之若耕蠶殊衆具以名聞游怠害業即便

列奏

建武四年詔所在課田桑

梁

梁元帝大寶三年正月甲戌世祖下令曰軍國多虞

戎旃未靜青領雖殲黔首宜安化俗移風常在所急

勸耕且戰彌須自許無棄民力並分地利班勒州縣

咸使遵承

陳

文帝天嘉元年三月丙辰詔曰今歲軍糧通減三分

之一守宰明加勸課務急農桑庶鼓腹含哺復在茲

日

北魏

明元帝永興三年春二月戊戌詔曰衣食足知榮辱

夫人饑寒切已所急者溫飽而已其出宮人以配鰥

民令夫耕婦織

太武帝太平真君四年六月庚寅詔曰牧守之徒各

厲精爲治勸課農桑

孝文帝二十年七月丁丑詔京民始業農桑爲本

宣武帝景明三年十有二月戊子詔曰民本農桑國

重蠶績桑盛所憑冕織攸寄比京邑初基耕桑暫缺
遺規往旨宜必祗修今寢殿顯成移御維始重郊無
遠摛羽有辰便可營表千畝開設宮壇秉耒援筐躬
勸億兆

北周

後周制皇后率妃嬪夫人至蠶所以太牢奠先蠶西
陵氏禮畢降壇因以公桑焉

隋

隋制皇后祀先蠶禮畢就桑位於壇東南面尚功進
金鉤典制奉筐皇后採三條返鉤

唐

唐制皇后歲祀季春吉享先蠶散齋三日於後殿致齋一日於正寢遂以親桑皇后受鈎採桑典制奉筐受桑妃嬪命婦以次從至蠶室尚功以桑授蠶母蠶母切以授婕妤婕妤飼蠶灑一薄訖司賓引婕妤還本位尚儀前奏禮畢

唐太宗貞觀元年三月癸巳文德后率內外命婦有事於先蠶

貞觀九年三月皇后親蠶

高宗永徽三年三月制以先蠶爲中祀

顯慶元年三月辛巳皇后親蠶

上元元年三月己巳皇后親蠶

上元二年三月丁巳天后親蠶

元宗開元元年正月辛巳皇后親蠶

開元十五年五月丁亥夏至賜宰臣及供奉官諸司長官各蠶絲先帝命宮中養蠶親自臨視欲使嬪御以下知女工之事及蠶罷獲絲甚多因以賜焉

開元十七年春正月丁酉詔曰獻歲發生陽和在候乃睠甿庶方就農桑其力役不及之務一切並停

肅宗乾元元年后親蠶苑中

乾元二年三月己巳皇后親蠶

上元三年詔天下刺史縣令令於所部勸桑

貞元二十年詔曰理化之本繫乎京師副朕憂人屬於長吏宜勉務農桑各安生業以舒朕懷

元和七年四月癸巳詔曰農桑務切衣食所資始聞閭里之間蠶織猶寡所宜勸課以利於人諸道州府有田戶無桑處每檢一畝令種桑兩根年終長吏具聞

宣宗大中元年制天下逃戶桑田限五年復業

後唐

明宗天成二年蔡州進新繭

後晉

出帝開運二年嚴禁伐桑

後漢

隱帝乾祐元年申伐桑之禁

乾祐二年太子中允侯仁寶上言請以栽蒔桑棗考課長吏

後周

太祖廣順元年正月勅農桑之務衣食所資一夫不耕有艱食之慮一婦不織有無褐之虞詔諸道府州

長吏宜勸課農桑以豐儲積編民樂業仍倍撫綏

顯德二年詔天下厚農桑薄技巧

顯德三年命工刻木爲耕夫織女狀於禁中召近臣觀之

遼

太祖天贊元年十月甲子始分二部飭國人樹桑麻習組織

太宗會同元年三月壬戌詔有司勸農桑教紡績

會同三年十一月丁丑詔有司教民播種紡績

聖宗統和四年十一月辛卯詔諸軍毋殘南境桑果

統和七年春正月己亥禁部從伐民桑梓

清寧二年六月乙酉遣使分道勸桑

宋

太祖建隆三年命官分詣諸道申勸課桑之令

神宗熙寧二年分遣諸路常平官專領農田水利民

增種桑柘者毋得加賦

徽宗政和元年三月己巳詔監司督州縣長吏勸民

增種桑柘課其多寡爲賞罰

政和元年四月詔就先蠶壇之側度地築公桑蠶室

歲養蠶以供祭服其親蠶可以無數爲名

宣和元年三月甲戌皇后親蠶

宣和六年閏三月辛巳皇后親蠶

乾道六年二月壬寅詔諭大臣均役法嚴限田抑游手務農桑一務本二協力三因時

光宗紹熙三年九月丙申勸兩淮民種桑

理宗寶慶三年三月庚戌詔郡縣長吏勸農桑抑末作戒苛擾

端平三年春正月己未朔詔勸桑

金

世宗大定五年十二月申伐桑爲薪之禁令

章宗明昌元年禁末作傷農勸民栽桑每地十畝栽
桑一畝違者有罪

元

世祖至元十一年三月己卯詔以勸課農桑諭高麗
至元二十二年六月乙巳詔以農桑輯要書頒諸路
克勤厥職者以次陞奬其怠於事者罷之
成宗元貞元年五月丙申詔以農桑水利諭中外
武宗至大三年十月壬申詔諭大司農司課桑
仁宗皇慶二年申諭勸課桑
延祐二年八月庚子詔江浙行省印農桑輯要萬部

頒有司遵守勸課
延祐五年九月癸丑命刊栽桑圖説千帙散之民間
英宗至治二年八月戊寅詔畫蠶麥圖於鹿頂殿壁
以時觀之可知民事
泰定帝致和元年正月丁丑頒農桑舊制十四條於
天下詔勵有司以察勤惰
文宗天厤二年二月戊戌頒行農桑輯要及栽桑圖
至正八年夏四月乙亥詔守令選立社長專以勸課
農桑

明

太祖洪武元年奏准桑麻科徵之額罰不種桑者使
出絹一疋栽桑有成者四年後始租
洪武二年二月壬午命皇后率内外命婦蠶於北郊
以爲祭祀衣服
洪武五年勅有司以農桑考課
洪武十八年議准農桑起科太重令今後以定數爲
額又諭部臣禁末作華靡以無廢農桑之業
洪武二十五年令天下樹桑棗等物
洪武二十六年定桑株起科則例
洪武二十七年令戶部教民多種桑棗每一戶初年

二百株次年四百株三年六百株栽種數目造册同

奏違者遣罰

成祖永樂二年四月乙丑勅諭文武羣臣存恤軍民

勸課農桑臻於治理

英宗正統六年命所司行親農桑事

正統八年令各處不出蠶絲處所每絹一疋折銀五

錢解京供用

世宗嘉靖始勅禮部以每歲季春皇后親蠶於北郊

後改於西苑

嘉靖九年續定親蠶儀制帝曰周禮耕蠶分南北郊

其蠶於禁中唐人便安之制耳不可爲法於是禮部
請行於北郊酌治蠶禮定壇壝向制採桑器擇掌壇
官翟車出入或從東華門或從元武門用謹厚内臣
用肅宫禁帝從之其壇制殺先農什一建具服殿蠶
室繭館俱如古制仍於西内營織堂一終蠶事
嘉靖十三年五月定内苑先蠶壇繭成進絲

歷代勸課類

樹桑

鄭子產開畝樹桑

爭桑

吳王僚因吳邊邑處女與楚邊邑之女爭界上之桑

而伐楚

宜桑

齊帶山海膏壤千里宜桑麻

葉桑

鄒魯濱洙泗頗有桑麻之業

園中桑

後漢汝南尹昆爲汝陰功曹令新到官曰園中有桑以食蠶

旅生桑

陳䴸爲巫令桑旅生二萬餘株民以爲給

附枝

張堪爲漁陽太守勸民耕種百姓歌曰桑無附枝麥秀兩歧張君爲政樂不可支

再葚

獻帝興平元年九月桑再葚劉元德軍於沛年荒軍

士以爲糧

食葚

袁紹在河北軍人仰給桑葚爲食

蓄葚

楊沛爲新鄭長課民益蓄桑葚積浸千餘斛太祖天子軍無糧沛乃進乾葚

八百桑

諸葛亮表後主曰成都有桑八百株薄田五十頃子孫食衣自有餘饒

三百桑

晉令丞尉以官舍有桑皆給之其無桑及不滿三百株皆使吏卒隨開於官舍種桑滿三百株

百廿桑

北燕馮跋下書曰今田畝荒穢有司不隨督察欲令家給人足不亦難乎桑柘之益有生之本此土少桑人未見利可令戶植桑一百二十株

桑重生

後燕錄曰初晃之遷龍城也植松爲社主及秦滅燕大風吹拔之後數年社忽有二桑根生焉先是遼川無桑及廆通於晉求種

丁桑

沈瑀爲建德令教一丁種桑十五株女丁半之人咸

悅頃之成林

丁桑

齊河清三年令每丁給永業二十畝爲桑田其中種

桑五十根

種農隙

蘇綽兼司農卿奏曰三農之隙及陰雨之暇當教人

種桑

充衣

唐李能譽謂子孫曰吾性不好貨遂至貧乏然吾近
京城有賜田十頃桑若干根可以充衣

出三輔

范子計曰桑出三輔

五月葚

氾勝之書五月取椹著水濯洗取子陰乾之好治肥
田十畝荒久不耕者尤好耕治之黍椹子各三升合
和種之黍桑當俱生鉏之桑令稀疏桑正與黍高
下平因以利鐮歷地刈之暴令燥後有風調放火燒
之當逆風起火桑至春生一畝食三薄蠶

課桑

隋高祖登庸凡丁男中男永業露田皆遵後齊之制並課以桑

畝二株

唐元和七年夏四月勅天下州府民戶每田一畝種桑二株長吏逐年合計以聞

禁作薪

會昌二年四月勅勸課種桑比有勅命如能增數每歲申聞比和並無悠加剪伐列於鄽市賣作薪蒸自今州縣所由切宜禁斷

禁剝桑

宋太祖詔在官吏諭民有能廣植桑墾闢荒田者止

輸舊租民伐桑爲薪者罪之剝桑者分首從定罪

毋增賦

熙甯元年勸民栽桑帝曰農桑者衣食之本民種桑

柘毋得增賦

拔茶

張詠爲崇陽令令民拔茶栽桑

論功差等

乾道元年都省言淮民失業宜先勸課農令丞植桑

二萬株至六萬株守倅部內植一十萬株以旌賞
有差
毋踐桑
元世祖中統三年詔征戍軍士及勢官毋縱畜傷禾
稼桑棗又詔種植桑棗不得擅興不急之役妨奪農
時
頒輯要
世祖即位之初詔天下國以民爲本民以衣食爲本
衣食以農桑爲本於是頒各路農桑輯要之書至元
七年又頒農桑之制

蠶桑萃編 卷一

戒損桑

大德年申擾農之禁縱畜牧損桑者責其償而後罪之

收葚

至大二年淮西廉訪事苗好謙獻種蒔之法其說分農民爲三等上戸地十畝中戸五畝下戸三畝或一畝皆築園之以時收桑葚依法種植武宗善而行之

分畦種桑

延祐三年以好謙所植桑皆有成效令如社出地其時桑苗以社長領之分給如社四年又令民各畦種

之

太守佳名

姜彧知濱州時行營軍士多占民田擾民桑棗彧言於中書遣官分畫疆界强猾者治之課民種桑民謂

太守桑

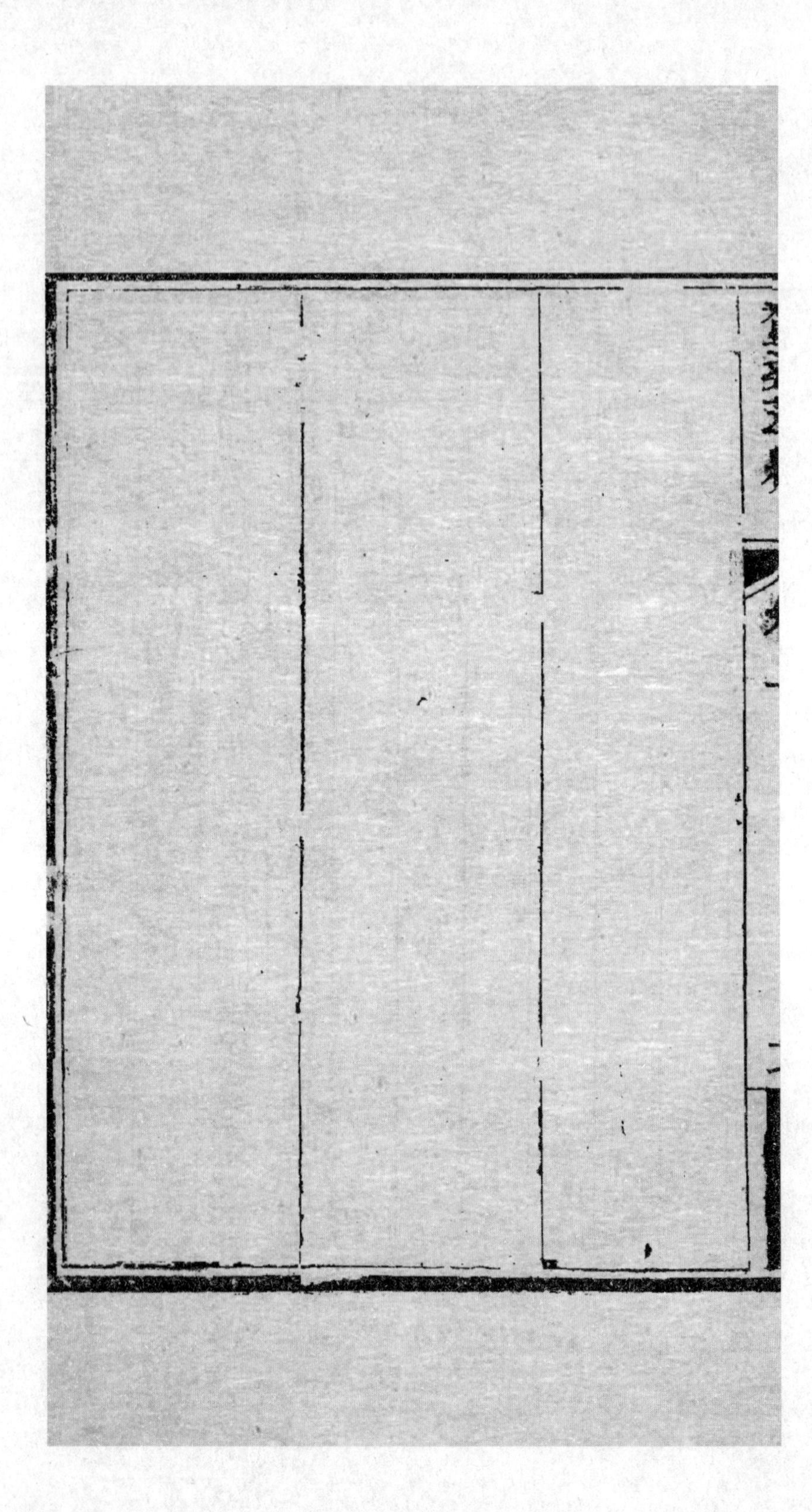

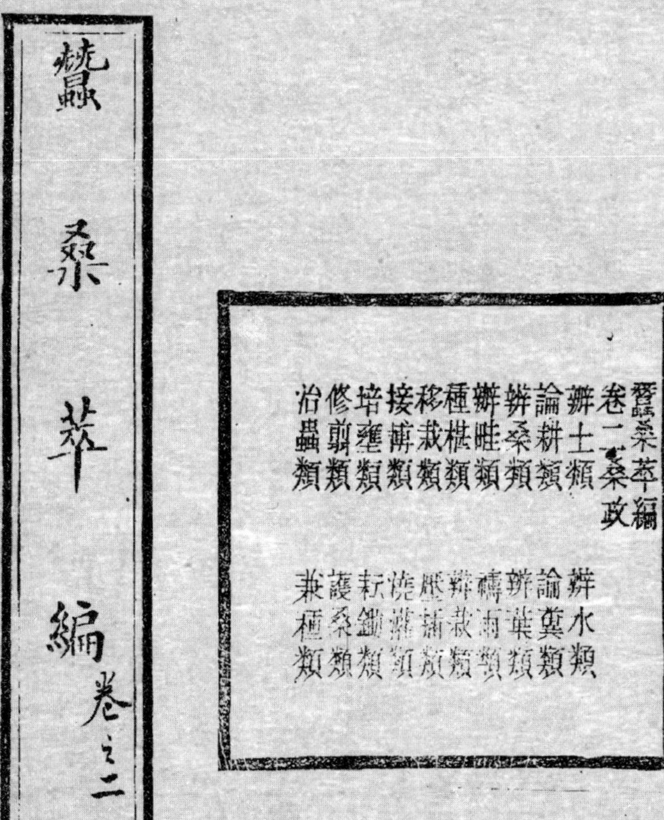

蠶桑萃編　卷之二

蠶桑萃編
卷二　桑政

桑政

蠶桑萃編敘

伊耆氏之始爲蜡也祝辭曰土反其宅水歸其壑昆蟲毋作草木歸其宅農政也而桑政借焉禹貢九州各篚所織而絲之織者六所云桑土既蠶者九州之土各宜桑宜蠶故以既蠶告成功也神禹治水兼治土既列田賦復著明桑土明桑與農皆要政也土質各殊既詳辨之兼著其色如赤埴黑墳青黎之屬明九穀之種植攸殊而土化之法亦因之至周禮始詳著其所宜於司徒草人二官后稷教民稼穡職掌其事世修其業至於古公未嘗廢墜豳風言農兼言桑

曰執懿筐曰伐遠揚曰獻功曰朱黄於桑之事尤備

明周之所以王天下之所以歸仁也漢之循吏如黄

霸龔遂召信臣茨充張堪王景之屬皆以務農桑爲

政本自是以來賢臣哲吏莫不以是爲切於民用之

大者元世祖詔司農司著農桑輯要一書頒行海内

至於特置使者以綱領之而課其殿最其用心可謂

勤矣

乾隆三十八年

武英殿印行以布教各行省今浙江湖州家勤其業

世習其義十數州縣歲入二千萬之利比武昌保定

亦種植有效浙桑移栽浙匠導之也而各省土之剛柔燥溼亦宜區別以使之各得其利天時之早晚寒燠尤爲至要前署清河道員衛杰究心有年著蠶桑一書其第二卷論天時地利土化桑種培壅接插之法尤詳臣亟愛之勸刊之以廣推行所云土水昆蟲草木應芟應去之法即伊耆氏䄍辭之意古以歲十二月行之告成功祈新祉孳孳焉有心者法古以宜民振數千年之遺緒開億萬人之樂利循憲典而光治術閭閻充實海寓乂安不其韙歟

光緒二十五年十一月

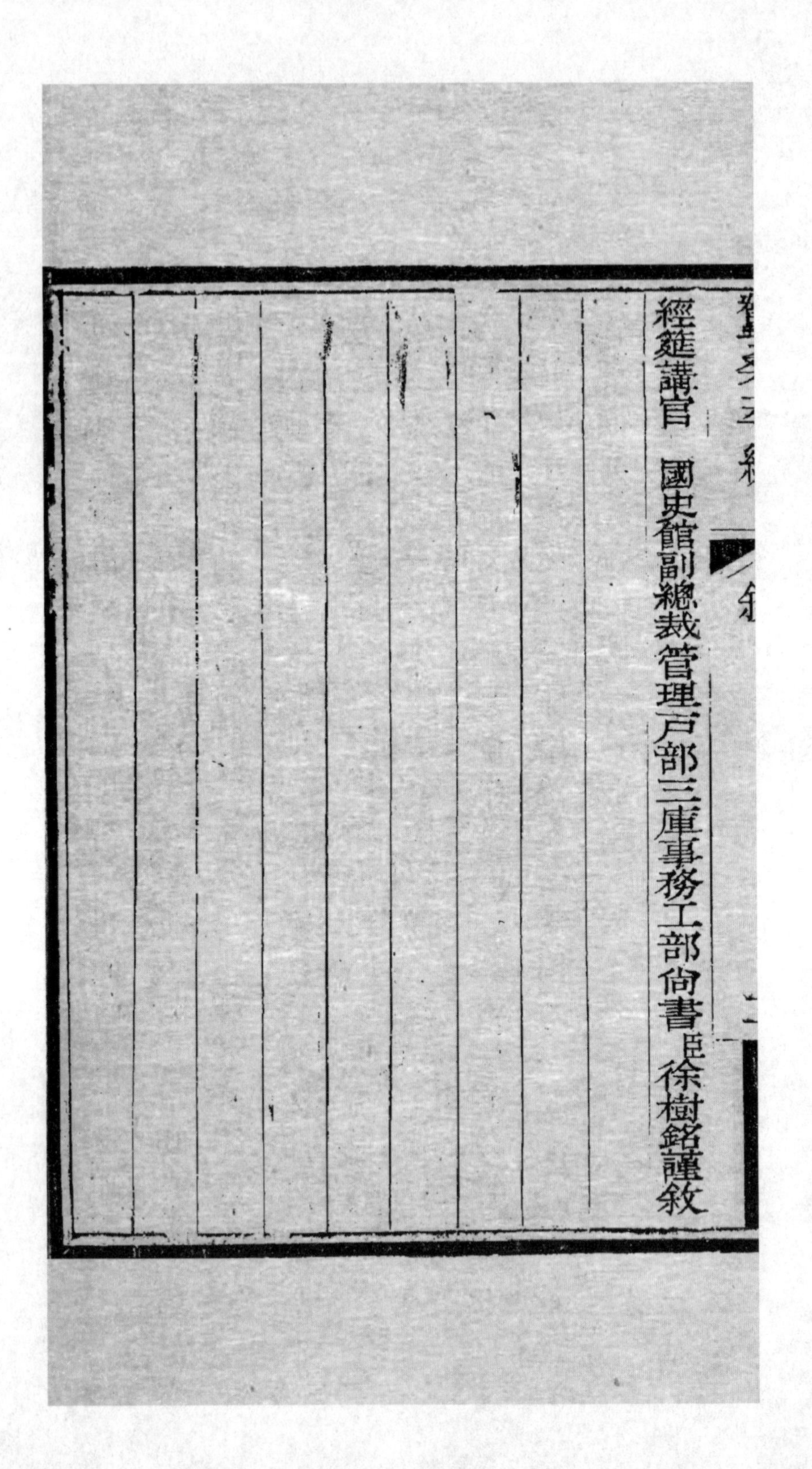

經筵講官　國史館副總裁管理户部三庫事務工部尚書臣徐樹銘謹敘

蠶桑萃編卷二

桑政目錄

耕地一　耕地二宜深宜淺　耕地三土脉時功

耕地四順天時　耕地五弱土變强强土變弱　耕地六

耕地七　耕地八根土相着　耕地九秋春復耀

耕地十扒土不同

論糞類

糞壤　糞分五種　踏糞

苗糞　草糞　火糞

泥糞　積糞　糞宜

糞種　糞性　糞力

治糞　糞有輕重　糞有眞僞

插斜枝　插法不同

接博類

接乘時　精器具　截砧盤

選接頭　辨骨肉　判上下

謹嵌貼　慎包裹　通生氣

酌去留　戒搖動　插接

皮接　靨接　葉接

身接　劈接　根接

根接二　身接二

澆灌類

修翦類

時令　删繁　去梢

接本桑去梢留杈　第一層　第二層

第三層　第四層　第五層

壓桑插桑去梢留杈　接換桑秧去梢留杈　分層

分年　大桑去梢留杈　第一層

第二層　第三層　補空缺

砍全樹　翦地桑

護桑類

去水　挑桑眼　防凍

去苔

治蟲類　皮內蟲　治蟲一

治蟲二　治蟲三　皮外蟲

治法　桑蟥　桑蝨

齧桑蟲　蟯蝖　時蟲

兼種類

種㿜　種㕁

凡三十類共一百七十四

蠶桑萃編桑政卷二

辨土類

地氣

凡事有法栽種移接澆灌諸法桑政之要也其最要者必須深知地氣乃可從事倘不知地氣之應否勢必無益而有損爲栽種家大忌蓋地氣隨月而盛二十三日後至初八日前月氣晦暗則生氣在根本初八日後至二十三日前月氣光明則生氣在枝葉晦暗時可以移栽光明時不可移栽樹移必受傷也

地氣隨月證

海之有潮汐月受日氣爲之也月受日氣是爲坎中之陽而水氣應焉朝爲潮晚爲汐漲與退各三時勢近則漲漸遠則退也潮水必隨月而漲氣激之也地與月同屬陰月輪於地球爲最近故感通亦易日之力大而遠月之力近而强也所以謂潮有大小之分者朔望日月與日相對而行日力能助月則潮亦大近則大也至初八二十三等日其日輪横行在傍差至九十度日力不能助月則潮亦小遠則小也月氣通於地觀距日之遠近知地氣之漲縮不即可驗物理之盛衰乎

土質

土含五金之質實含五行之氣氣與質相合而成者即有生物不生物之分如硝養炭三氣及灰炭强硃硝强並一切炭强類之質凡物感於陽和者皆能生物也如青黃白鹵鹹各類沙强之質凡物一於陰凝者皆不生物也又土泥沙石磁瓦各分其質土泥淨則易生或少攙雜質亦生若多攙雜質則不生其餘皆可類推

色性

土具五色是根五性厥土青黎色青黑者滑眞也性

不一者時變也厥土黃壤色黃者得正氣也性壤者
取柔軟也宜種椹厥土赤埴墳色赤者光耀也性埴
者粘膩也宜種桑厥土白壤色白者潔淨也性壤者
無塊也宜種椹厥土黑墳色黑者純淨也性墳者沃
衍也宜樹桑

土宜

黃白土宜禾黑墳宜麥赤土宜菽汙泉宜稻查其與
桑相近之土則種無不宜矣

治土

青黑之土和生黃土則美黃壤之土和膠土則美赤

色之土和白土則美白色之土和黃土則美黑色之土和黃白土則美

土化

土敝則草木不長氣衰則生物不遂土本瘠也下糞則瘠者化而爲肥土本結也勤墾則結者化而爲鬆土本溼也或四面開溝培土爲埂栽於埂土則溼者化而爲燥

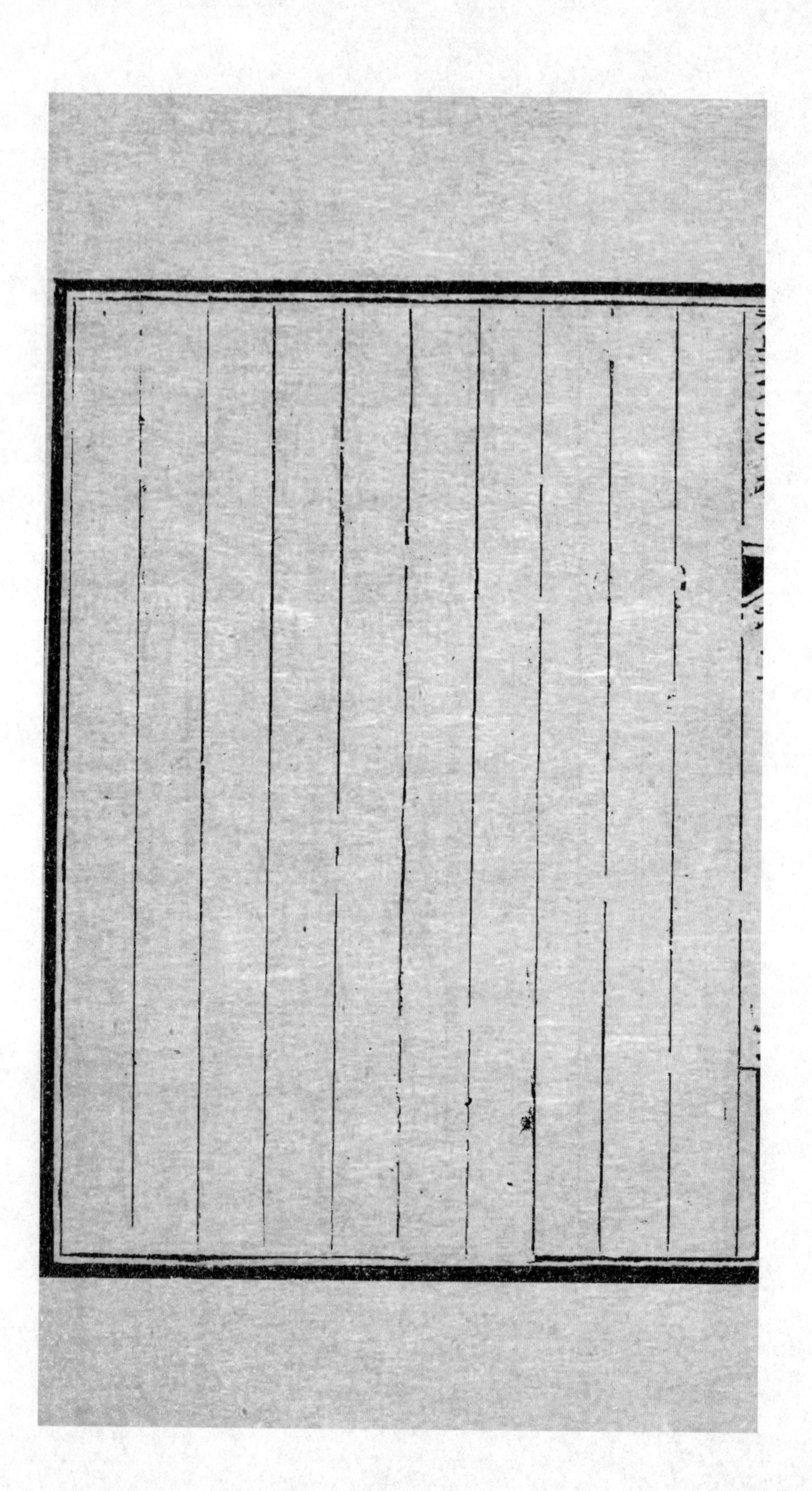

辨水類

井水

井水所含之質有六曰鋏炭强鹽曰鋏硝强鹽曰鋏綠均能化物生物曰鏀硝强鹽曰鏀綠二者最能生物曰鋏�强鹽若欲試此六質則用銀硝强鹽或以火煮之則各質均見矣冬天井水煖因陽氣藏蓄在內夏天井水寒因陽氣全露在外內無堿氣故澆物相宜此專論甜水若苦水則不然苦則有鹼氣滷氣人不能食即澆物亦不茂發

雨水

雨因五行之熱氣相蒸而成自空中下降純是一片生養之氣內無雜質生物自然暢茂

泉水

泉之源有二或由沙土滲淫或由山谷地勢空窪愈漲愈滿積水遂多其實皆雨水所蓄清潔無滓充盈流出所含生物性多

河水

日夜流動温而不寒內無城氣所含鹻强鹽類之性少而含浮塵草泥之性多澆物最佳勝於井泉之水

池塘水

凡雨水所積及泉水流水貫注者均佳上生萍草下畜魚蝦並鵝鴨浮游性皆温煖肥美矣養氣多而城氣少澆桑最宜若淀水臭水內少生氣盡含硝城澆則傷物不可用

論耕類

耕地一

農書云未耕曰生已耕曰熟初耕曰塌再耕曰轉生者欲深而猛熟者欲淺而廉

耕地二 宜深宜淺

齊民要術云凡耕高下田不問春秋必須燥溼得所為佳若水旱不調寧燥勿溼秋耕欲深夏耕欲淺秋耕掩青爲上初耕欲深轉耕欲淺菅茅之地宜縱牛羊踐之七月耕之則萎

耕地三 土時解功

氾勝之曰凡耕之本在於趣時春涷解地氣始通土一和解夏至天氣始暑陰氣始盛土復解夏至後九十日晝夜分天地氣和以此時耕一而當五名曰膏澤皆得時功

耕地四 順天時

韓氏直說云凡地除種麥外並宜秋耕秋耕之地荒草自少極省鋤工如牛馬力不及不能盡秋耕者除種粟地外其餘黍豆等地春耕亦可大抵秋耕宜早春耕宜遲此所謂順天之時也

耕地五 强土變弱 弱土變强

齊民要術云春地氣通可耕堅硬強地黑壚地輒平磨其塊以待生草草生復耕天有小雨復耕和之勿令有塊以待時至所謂強土而弱之也杏始華榮輒輕土弱土望杏花落復耕耕輒躪之草生有雨澤耕重躪之土甚輕者以牛羊踐之如此則土強所謂弱土而強之也

耕地六

農書云北方農俗春宜早晚耕夏宜兼夜耕秋宜日高耕中原地皆平曠旱田陸地一犂必用兩牛或四牛以一人執之量牛強弱耕地多少皆有定法

耕地七

犁耕既畢則有耙勞耙有渠疏之義勞有蓋磨之功今人呼耙曰渠疏勞曰蓋磨皆因其用以名之所以散撥去芟平土壤也桓寬鹽鐵論曰茂木之下無豐草大塊之間無美苗耙勞之功不至而望禾稼之秀茂實粟難矣耙欲其平勞欲其散

耕地八根土須相著犁一次耮六次則土匀細相著

韓氏直說云古農法犁一耮六今人只知犁深爲功不知耮熟爲全功耮功不到土粗不實下種後雖見苗生根在粗土則根土不相著不耐旱有懸死蟲咬

乾死諸病耮功到則土細而立根在細實土中又經
碾過根土相著自然耐旱不生諸病
耕地九 秋春復耮耮即耙打土塊使散也
韓氏又云凡地除種麥外並宜秋耕先以鐵齒耮縱
横然後插犁細耕隨耕隨耙勞至地大白背時更耮
兩徧俟來春地氣透時待日高復耮四五徧其地爽
潤上有油土四指許春無雨至便可下種
耕地十 打土不同
北方謂打土者與勞相類齊民要術云春種欲深宜
曳重打夏種欲淺直置自生春氣冷生遲不將土曳

打則根虚雖生輒死夏氣熱而生速曳打遇雨必致
堅垎春澤多者或亦不須打必欲打者須待白背時
打令地堅硬也又用巳經曳打之場圃極爲平實

論糞類

糞壤 集成

農桑莫急於糞糞壤所以變薄田爲良田化磽土爲肥土也爲農者必儲糞糞朽以糞之則地力常新壯而收穫不減

糞有五

如踏糞苗糞草糞火糞泥糞是也

踏糞

凡人家於秋收場上所有穰穖等並收貯一處每日布牛脚下三寸厚經宿牛以蹂踐便溺成糞平旦收

聚除置院內堆積之每日悉如前法至春可得糞三十餘車夏月載糞糞地每畝用五車計三十車可糞六畝

苗糞

美田之法菉豆爲上小豆胡麻次之皆五月穙種七八月犁掩殺之爲春穀田則畝收十石其美與蠶矢熟糞同江淮北常用之也

草糞

草木茂盛時芟倒就地內掩罨腐爛也禮記仲夏利以殺草可以糞田疇可以美土疆即以耘除之草和

泥渥漉深埋禾苗根下漚罨既久則草腐而土肥美也

火糞

法以積腐藁敗葉刬薙枯朽根荄遍鋪而燒之入土則暖而爽凡麻䊀穀殻皆可與火糞窖罨並同草木堆疊燒之必先渥漉精熟然後踏糞入泥如水地多冷則用火糞凡一切禽獸毛羽親肌之物最爲肥澤積之爲糞勝於草木然糞田之法得其中則可若驟用生糞及布糞過多糞力峻熱即燒殺物反爲害矣人糞力壯南方常於地頭置磚檻窖熟而後用之其

地甚美北方效此利可十倍

泥糞

法於溝港內乘船以竹夾取靑泥杴撥岸上凝定後裁成塊子擔去同大糞和用比常糞得力甚多或用小便亦可澆灌但生者立見損壞

積糞

凡埽除之土燒燃之灰簸揚之糠粃斷藳落葉積而焚之沃以肥液積久乃多又腐草敗葉漚漬其中以收滌器肥水與滲漉泔淀漚久自腐爛一歲三四次出以糞苧因以肥桑愈久愈茂而無荒廢枯摧之患

矣夫埽除之穢腐朽之物人視之而輕忽農得之爲膏潤唯務本者知之所謂惜糞如惜金也

糞宜

周禮土人掌土化之法凡糞種騂剛用牛言乾燥土也赤緹用羊言紅色土也墳壤用麋言柔軟土也今宜用騾馬糞渴澤用鹿言窪溼土也今宜用牛馬糞鹹潟用貆言鹹硝地也今宜用騾馬糞勃壤用狐言無塊土也今宜用豕糞埴壚用豕言枯溼土也彊檃用蕡言乾硬土也蕡麻子也今宜用大糞豕糞輕爂用犬言乾亢土也所以别糞種者助土氣以合地氣

也

糞等次

糞不一例以人糞油餅小便爲佳鳥雞犬豕糞次之若牛馬羊騾驢等又其次也柴灰草葉渣滓等類下矣

糞性

豆餅者油之餘也性滑能化乾燥長物最易惜價昂不能多用若人糞與小便受飲食五味之質而化濁質爲糞輕氣爲小便糞含輕綠之質小便含鏚硝强之質化生最速如便池邊長白塊一層即鏚也故以

水兌小便澆物亦生

糞力

糞分二力一乾一水如柔土溼土則水不如乾如硬土燥土則乾不如水尤須細察土性因地制宜方能得糞之力

治糞

土以黃白黑三色爲上或置磚石池或擁高堆用生土則氣旺不可用舊土𤸇土先將土運齊以小便及糞水澆之澆一次鋤翻一次惟堆土練之甚便人小便爲佳牲畜便溺雖次可兼用

糞輕重

糞不可重用重則氣猛葉過肥者蠶食多病糞不可輕用輕則氣不足葉過薄者蠶食繭軟惟審量於輕重之間察視土性用得恰當乃得大益

糞眞假 泡去聲即漚麻之意

其在貲財饒裕用淨糞固佳但力量稍薄不能不少用只有作乾水二糞莫善於此或用人糞泡水澆土或用小便澆土或築池泡糞水或用猪糞便溺泡糞水如此倘不失其眞若用渣滓灰土等類力小而難見功是多買假糞不如少買眞糞有益也

糞早遲

土脉乾燥只宜水糞土脉溼潤只宜乾糞未雨前下種時及翻黄之候未凍以前開凍以後用之最效既雨之後久旱之時用之亦耗費無功

糞優劣 耩音講

北方土脉深厚專用耕耩之法先以糞撒擲土面然後耩之俟生長後上糞亦擲地面並不用土掩覆則糞氣洩而不聚其法未善南方土脉淺薄設效用此法物必不長專用挖窩之法相距一尺先挖窩次用糞或乾則先糞後子或水則先子後糞再用土掩覆

則糞氣聚而不散其法頗良故南方種地十畝勝於北方五十畝上地則十畝抵北之百畝優劣之分於此概見矣

桑種類

桑分大葉小葉二種

桑之種類不過大葉小葉而已大葉桑條柔津多色青靘隱有黑紋味濃而力少减小葉桑條勁液實色青淺微有碧紋力厚而味較淡以大葉飼蠶其體肥而粉其繭圓而闊其絲柔而滑其綢細而亮以小葉飼蠶其體昂而長其繭尖而毛其絲勁而緊其綢實而堅此大小葉種辨也若夫原其始椹一也子居中者葉大子兩頭者葉小土一也畦極平者葉大畦高低者葉小時一也雨水灌足者葉大雨水欠溉者葉

小是大小葉本一種而别爲兩種也以故儒家者流
知其理未親其事農家者流習其事未窮其理而湖
桑川桑魯桑荆桑之名遂判湖桑工夫最細養條漸
成極品然每年絲蠶時有豐歉收之分是養條雖佳
而養條卻有葉濃一病若再仿川法養樹使葉力少
淡以樹桑飼小蠶老蠶以條桑飼眠起大食蠶則食
匀繭厚譬如人家小孩老年宜食淡壯歲喜食濃醫
家亦以食淡可少病湖中若再加一層工夫以樹桑
之味淡調條桑之味濃而蠶病可卻產絲亦多此湖
桑之尚宜添一層工夫也川桑經營最力養樹期其

葉美然收繭亦有歉歲須如湖中養條使桑味厚以
條桑飼眠起蠶以樹桑飼小時大食揀老蠶其絲利
必與湖等此川桑之宜加兩層工夫也魯桑爲桑之
始即東桑其利旣減湖桑亦減川桑湖與川殆靑出
於藍而勝於藍者歟若就魯桑而論誠能取已成之
樹桑培壅之取已暢之條桑灌溉之亦當不讓湖桑
川桑之美利此魯桑之宜添三層工夫也判桑多養
成大樹間種小條土厚力勁葉邊如齒利益亦在各
行省上再能精密考較則樹桑愈大愈佳條桑愈柔
愈旺此判桑之尤宜加三層工夫也要之種桑全是

人力審物性愼土宜課天時庶以人工濟造化之窮以桑蠶補水旱之偏總計則桑種二分計則桑種列爲十八

桑分十八種

湖桑　川桑　魯桑　荆桑　以地殊者

子桑　女桑　花桑　椹桑　梔桑　火桑

叢生桑　富陽桑　地桑　山桑　以種類名者

移桑　接桑　壓桑　蟠桑　以人力成者

湖桑葉圓而大津多而甘其性柔其條脆其幹不高

挺其樹鮮老株採折最便惟移置他省甚難培養若培養不得其法多未成活此湖桑爲桑之冠而難於移種也

川桑易種易活可以成條可以成樹葉之津較湖葉略減葉之力較湖桑加厚湖桑須移接乃佳川桑則不待移接而葉自圓大此川桑之隨地皆宜而種植甚便也

魯桑爲桑之始即東桑東桑葉大而圓力勁而厚成株者多蟠根者不少近來多養成大樹而柔嫩亞於湖桑其移種較川桑荊桑爲難較湖桑略易也

荆桑易種易生氣清而茂葉之液與川桑等葉之味與湖桑異邊痕如齒須移種移接肥美可勝他桑此荆桑之力厚而種植亦便也

以上桑以地殊者

子桑老幹已去新條重生長養最旺截根分栽先葚後葉其株細嫩直條上長者是

女桑其條遠揚其葉沃若一伐一榮無花無椹條小枝長即黄桑桋桑梯桑之類最便採摘也

雜桑類

花桑葉小而尖皮厚而粗不畏冰雪有花而葉薄即

椹桑其果大而長其色黑而亮其皮薄而青子堅實者可以取種入水浮者便無子不可種或賜鳥食椹子從糞中生者葉肥氣旺飼蠶甚佳皆椹桑也

梔桑桑辧自葚者梔一半有葚一半無葚葉小

火桑別爲一種其葉青赤發芽獨早雨過即乾以飼早蠶勝於茶榆

叢生桑桑根旁溢挺生小秧雨露滋潤萌芽長養一出而數十條百條不等分種則一條一株也

富陽桑種類各別其桑獨大每樹之葉約數百斤桑最耐久愈老愈茂

地桑北方多種桑以作界俗名公道老不偏不腐深根蟠結一伐一生拔不盡根長不成條平原熟地皆有之

山桑葉尖而長生在山上材中弓弩及車轅其幹遒勁與檿桑可爲絲中琴瑟等

以上桑以種類名者

移桑接桑樹初種其葉多薄小其樹少秀潤移栽之時截去旁根細根端留正根移一次便榮二次三次更佳

接桑接接博法有一定時候取桑株有二三年者砍

去平地用好嫩桑條不過三寸長削尖接之月餘出土本年卽可長五六尺七八尺不等凡桑之不成株者均可用此法接之葉可肥美

壓桑接接博時候初取桑枝大者長二三尺許壓地中上掩肥土均二寸三四月萌芽漸長七八月削去柔枝九月盡行剪去次年春移栽成株

蟠桑拔去老樹全留根荄以新枝紮其中旁是以嫩枝接老幹暢茂勝於小樹

以上桑以人力成者

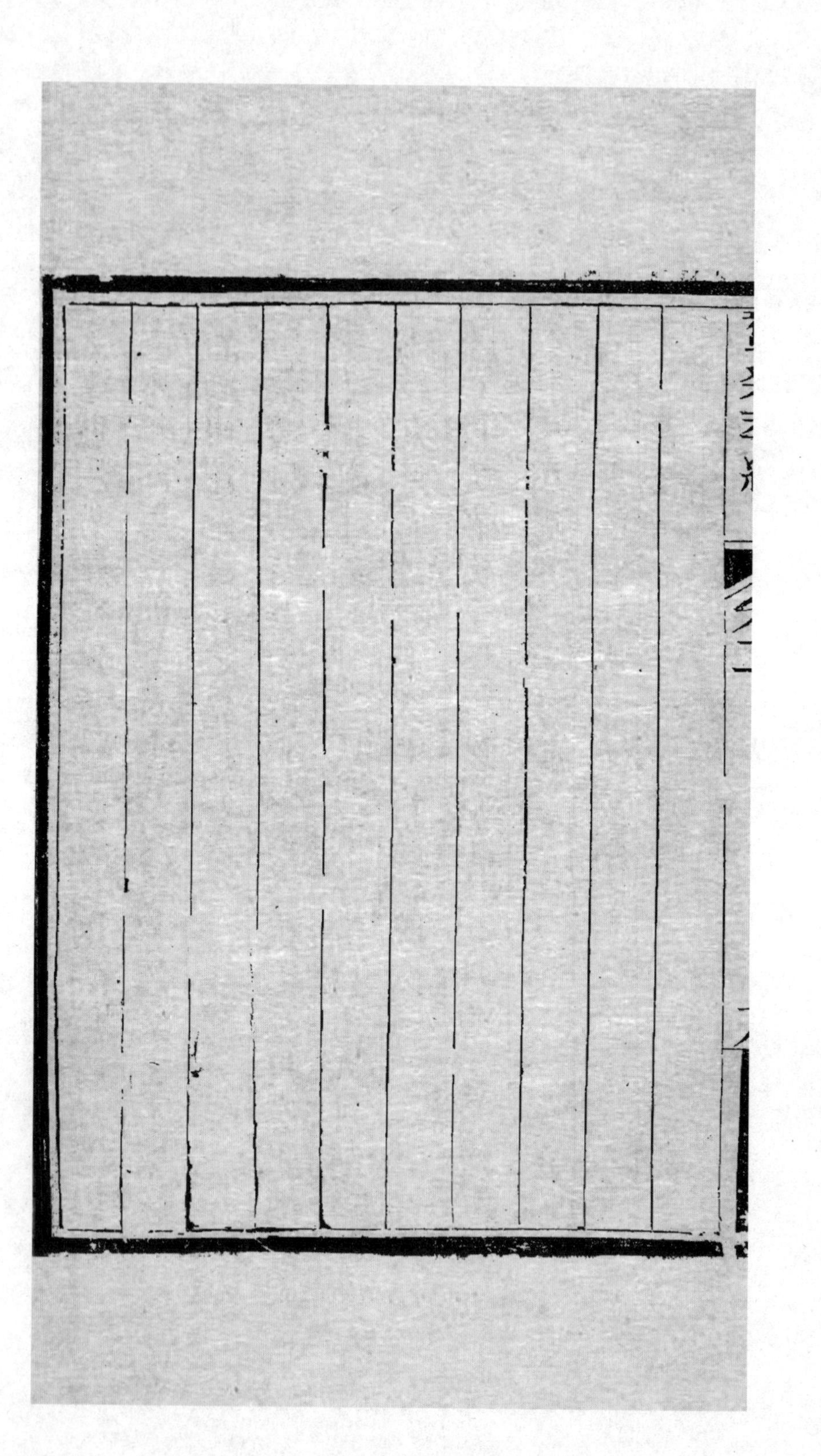

辨葉類

桑椹

椹子或多或少卽種後葉多葉少之分凡先葉後椹者葉必多先椹後葉者葉必少椹多者葉亦少椹之有粒無粒採淨以知之粒之堅實與否沈水以辨之

桑條

條有長短硬軟豐肥瘦削之分卽取效亦別栽桑宜短與硬短不畏風傷硬可耐凍旱取以接與插皆佳若長軟豐肥之條發葉必多應留以飼蠶瘦削者葉小而薄不必用

桑皮

皮有青白光滑三種發葉必大而厚若皮皺澀則葉小而薄

桑葉

葉有多少大小之分有厚薄尖圓之別有潤澤枯澀之異有光滑帶毛之殊美者宜用如法存留惡者不可用早宜除去以免費工耗糞

桑根

根性下伏深入土內雖挖栽亦不能全爬正根根多則著土鬆難活法宜研去直根留横根並向南之根

根少著土緊發芽始澆必易成活

桑眼

凡桑樹上新發小嵴爲曆將以抽條葉者也大如麥子俗名桑眼眼下骨上別生萠芽形如米粒俗名小心子

桑苞

葉與枝分界處又皆生小苞自苞以上葉也自苞以下枝也苞附於桑枝皮外實生於桑枝皮內而皮內之苞所謂小心子者又卽爲生苞生葉之根本

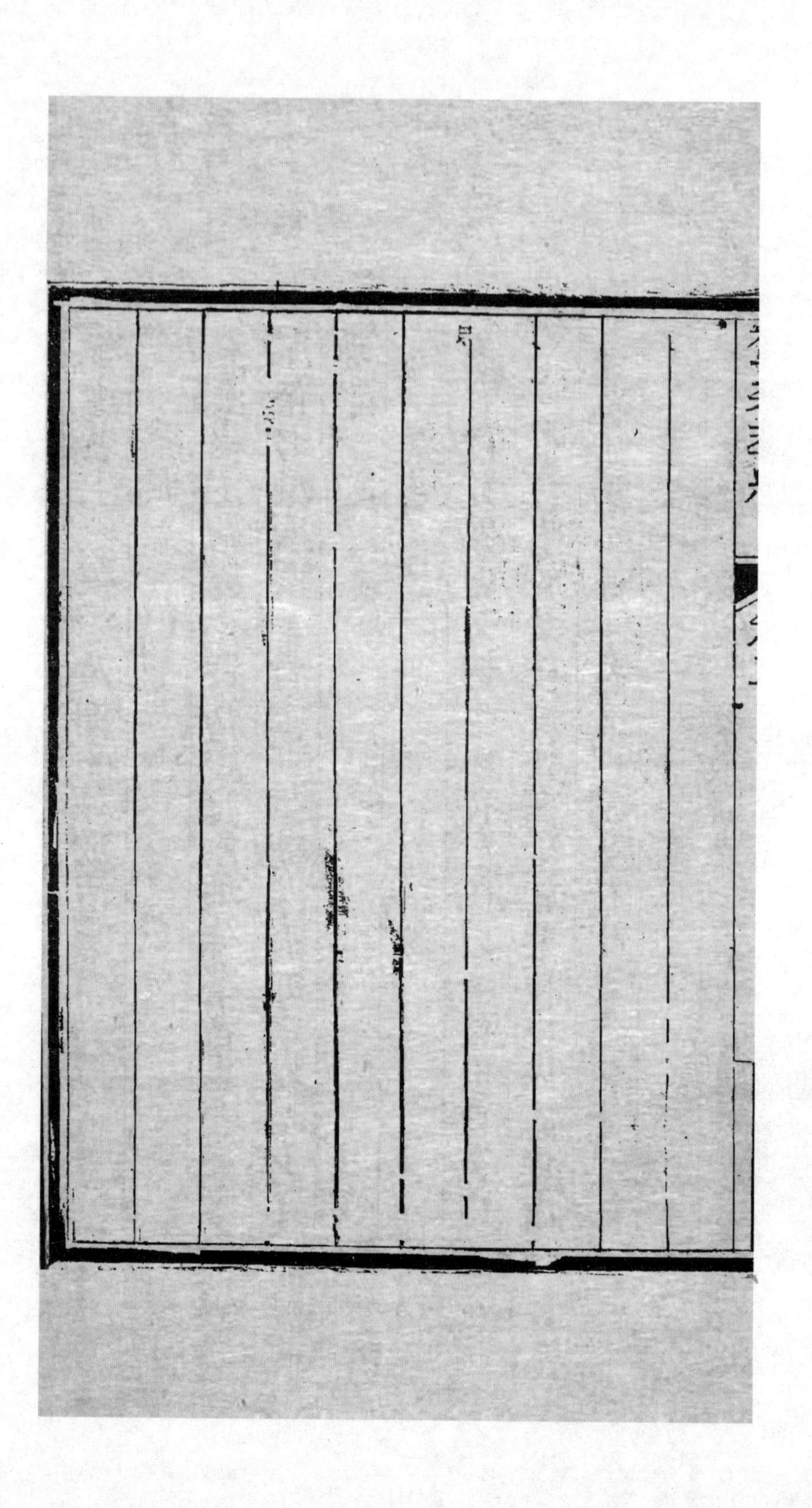

辨畦類

論畦

畦有二曰平畦曰溝畦（即田畦）如雨多之年恐其積水防生堿氣不作畦背謂之平畦也如雨少之年恐其乾旱免受風埽因作畦背謂之溝畦也又南北地勢不同南方多膠土則多用平畦以疏潮溼北方多沙土則多用溝畦以蓄潤氣

開畦

開平畦無論大小或半畝一畝均可四圍作淺埂以便澆灌令水下透開溝畦不拘長短寬五六尺如畦

大則水難均或北高南低或西高東低畦背高五六寸以便澆灌令水下透正二月地氣初通深掘細耕令鋤柔細凡窪潤之地宜開平畦風燥之地宜開溝畦又春種畦背宜高以避風旱夏種畦背宜淺以避水澇也

治畦

先耕地爲畦務令虛鬆次以熟糞和土務令肥美用薄土覆之熟糞即陳糞也其氣純和不可用生糞

禱雨類

占時

地利人事無不兼備如是可種椹乎曰未也久旱時不可種地過燥不生久雨後不可種地過溼不發惟黃梅熟後荷花生前以新畦新椹安排停當其歌曰坐看西山雲起時急忙種椹勿遲遲如種後數日遇雨則苗必勃然而興之矣

桑林禱雨

每歲五六月間或種椹未生或椹生未齊天旱太甚井涸泉枯不敷澆灌擇丙丁前吉日偕同事至桑林

謹備三牲醴酒香燭果品恭設。龍王神位虔誠禱雨行二跪六叩禮越日叩禱一次若不設位望桑林禱之行三跪九叩禮直局連年祈禱皆驗以民和而神降之福也

桑林禱雨文

某官某紳惟神之靈洞燭民隱降嘉福比者歲久不雨維農維桑備虔恪祈神之所聞古之人呼號請雨典則斯具羣情胼蠁以康下民昭格感應神之所職謹蘄雨澤多福

禱雨辭令兒童歌於祠下

天生蒸民有物有則民之秉彜好是懿德昭格於下
保兹天子惟天陰隲下民風雨和四時序
報賽辭亦令兒童歌之
神心天心應如響甘雨灑枝長且養神之降福德心
廣報賽神靈以歆饗

種椹類

桑椹

椹有三種白紅黑也白則子不實可食不可種紅則子未老種之不多生黑則子已老種之極易發芽

椹味

椹有二味一甜一淡甜者子少淡者子多故種以淡爲貴若甜如蜜不可用也

採購

夏初黄鳥鳴曰黄粟留黄要留問我麥黄椹熟不正宜採購新桑椹擇肥大極黑者淘净晾乾去皮則易

生如經日晒生發較遲浮之以水挑堅壯者用之若子粒細小種之則多變雜桑花桑矣

拌種

以油餅麪一分蠶沙一分黃沙土一分草灰一分拌勻即擇本年好椹子酌量多寡攙入和勻用簸箕盛之八在畦內退後移步輕手細播務求停勻恐子密不齊也或覆沙土或用脚踩覆土亦宜薄厚則不生令放細水遍澆一次不可將椹粒冲歸一處無論春種夏種均要如此

澆椹

水性前已詳言之矣澆灌亦要得法亢久則斷潤固
傷根勤澆則過溼亦傷根查視土氣初乾卽澆一次
設澆後畦開細坼用土覆上以免風入傷根

催苗

桑苗初生時只用便溺兌水澆之或以大糞泡水澆
之澤下尺生上尺有必然者不可用生糞恐其肥猛
受傷

苗繁

大約畦寬五尺長五丈如法經營一畦可得椹桑三
四千株百畦則得三四十萬株千畦則得三四百萬

株千畦約百畝地也以工本計算每一株不過費制錢一文較之南方購桑則費重灌溉則工多何啻天淵之别惟冀舉行蠶桑者倘其取法種椹焉可乎

起苗

椹桑夏種秋成百日外可長尺許九十月木眠時精氣內聚陽氣下降霜降後封凍前乘地氣温暖起苗分栽先曉諭民間領者預報如期領苗種植

數苗

排列雁行以大鋤深挖分段雇民間婦女將桑細數大苗一百爲一束小苗二百爲一束在間時而互價

必廉一律收齊計數以便臨時點發

栽椹桑

移種桑根生發較遲惟椹桑成活最速諺云栽根不栽苗先長根次長苗雖北方天寒風冷而土脉深厚肥潤人鮮覺察惟窖栽一法最爲相宜視苗之大小掘土之深淺鋤去地土浮土見黃土者佳距一尺掘小坑以桑根向南用土覆埋少露梗苗先勿澆水以地潦石壓緊勿令透風次年三四月視土氣乾燥始用澆灌如地潤則勿庸澆則工省而成活必多或本年不栽尋避風之處掘大坑窖上用黃土堆蓋次年

春暖凍開地氣上升起出分栽亦可如前法

辨栽類

栽桑十六

春栽夏栽秋栽冬栽生栽熟栽塌栽轉栽水栽火栽燥栽泥栽糯栽行栽荒栽林栽

春栽

春分節前後也春初宜天氣晴明巳午時氣煖挖深坑調泥和糞將桑身置坑底提數次則桑土相著復用熟土厚封築實勿澆水早晚寒時不可栽

夏栽

伏雨時也宜待晚凉或雨後用糞而不調泥亦不澆

水俟土氣乾時再澆澆後封熟土

秋栽

霖雨爲上時區深一尺平地留樹身一二指餘者砍去栽罷堅築以土封樹頭不澆水俟地東㴱糞春暖就糞作盆式雨可聚旱可澆

冬栽

十月小陽月也爲木氣生長根脉下行北地内潤栽好築實不澆無損用糞須和土以土覆之方不洩氣

生栽

地之未耕種者草根蒿蔕果粒俱含土内性生易結

塊透風必傷宜曳打令柔細擇黃白色帶沙之燥地
用灰糞和土不乾勿澆若靑黑窪潤等地不可生栽

熟栽

地已耕種也性熟而爽淨無論土何色但無堿滷均
可栽

塌栽

地初耕也性未熟設有草木敗葉漚漬其中雖生氣
尚足而久雨久晴易生鹼氣用便溺羊糞和土栽之
土燥者佳若窪潤地則四面開溝中擁土埂以化堿
氣

轉栽

年前冬臘已耕耙各一次次年春暖再耕耙各一次性極柔細先糞後土初則少澆但取潤氣俟發芽澆水一次覆土一次

水栽

春雨前後伏雨秋雨之中凡河邊池旁塘畔近水溼之地皆水栽也南方氣暖風和可用此法北方寒甚雨至即盈雨過即涸不可用如於水中横作小埂蓄水得泥可以壅樹尤妙

火栽

伏日薰蒸如火或砍新條挖溝斜埋或起小桑移栽
栽罷卽澆水築覆俟雨至卽發夏栽則栽於雨後火
栽則栽於雨前又有用斧砍條將砍處置火上微燒
冬窖春栽與埋栽法同均藉熱氣以達生氣惟南方
用此法

燥栽

地氣乾燥也桑性喜燥不耐溼北方土外燥內潤但
不當風之處園傍墻下宅畔無往不宜不澆水不上
糞掘而栽之只須拔草覆土則工省而成活必多然
則北方土地種桑更宜也

泥栽

諺云坐漿法掘地成坑方與深各二尺下熟糞三升以土和勻再下水一桶攪成泥漿始將桑根坐底提數次用土培築取其耐乾以免常澆惟黃沙土宜若膠土青黑土調泥漿則糊桑眼難生土暖則可土寒則結塊開圻風入易傷

糶栽

殷實農家以久耕熟地反覆糶磨六尺遠栽一株每地一畝可栽一百五十餘株成活後鋤草令土氣上升上糞即覆土如種地用力不懈桑成必獲利十倍

一畝之利可抵五十畝地栽宜分行布列不宜對植如品字形最好第一行與三行對栽第二行與四行對栽餘皆倣此又於熟地內尺遠一株兩行距一二丈不等內留餘地可種豆黍使兩不妨業桑地宜耕則土氣達而桑葉茂盛

荒栽

未經墾闢之地性不熟淨內多雜質設有地尚肥潤不便種而便桑者先燒盡野草以絶根粒蟲類將土打細如法栽種儻土氣未過乾不澆水恐草易生也

林栽

桑性宜陰潤先有榆柳等樹有隙地尚可栽桑暑則
避烈日晴則避風沙易於生活俟桑長如拳斫去榆
柳等樹自然桑茂獲利也

移栽類

移本桑

已經接過之桑謂之接本桑如移栽他處須翦直根照坐漿法栽之每株相距六尺栽罷再翦去枝梢離地留尺許或先翦後栽亦可如法澆灌一月卽抽條長葉只留好枝二條

移大桑

翦根坐漿去梢澆水皆照移栽接本法惟澆灌水糞較接本稍薄耳栽後抽條長葉只留粗者一條今年移栽次年接換

移小桑

先將地壟鬆培土作埂闊二尺五寸翦去直根留四寸用指大竹管扦土作小孔以桑秧插入孔大則用土塡滿根與土務令相着上面枝梢亦翦去留四寸一尺栽一株埂上兩邊可種兩行俟抽條長葉留粗者一條澆水澆糞與大桑同今年移栽次年換接但接後又要移栽耳

移地桑

先將畦內魯桑連根掘出樹身留六七寸餘皆截去次將鍋燒紅以截處倒按鍋內烙過每坑栽一株或兩

株桑身之頭以平地爲度不可露出因地桑枝條從
土內長出桑身出土則枝條不旺被風擺折桑身週
圍須壅以熟土下半坑土須實築恐根與土不相着
上半坑土須輕築恐土太緊不易生再於坑面堆積
浮土厚五六寸至芽條出土只刪繁枝不翦梢子本
年可長五尺餘次年剸條葉飼蠶

地桑樹桑同異

移地桑耕地掘坑和糞下水坐漿澆灌諸法與樹桑
同所不同者樹桑根埋土內身出土外地桑則根與
身均埋土內樹桑坑內之土上下均宜築實地桑坑

內之土下半實築上半輕築樹桑坑土塡平之後於樹旁加浮土地桑坑土塡平之後於樹頂加浮土樹桑應刪繁枝去梢子地桑只刪繁而不去梢

移遠桑

由遠處購來小桑用蒲席包裹不透風日道上不可澆水運到之時雖已乾涸宜種後如法澆灌自然滋潤若先用水浸溼反不能活

移補老桑

桑老而枯或中空須於前後左右補種一株兩三年後將老與枯伐去培養新桑則土不曠矣如不補種

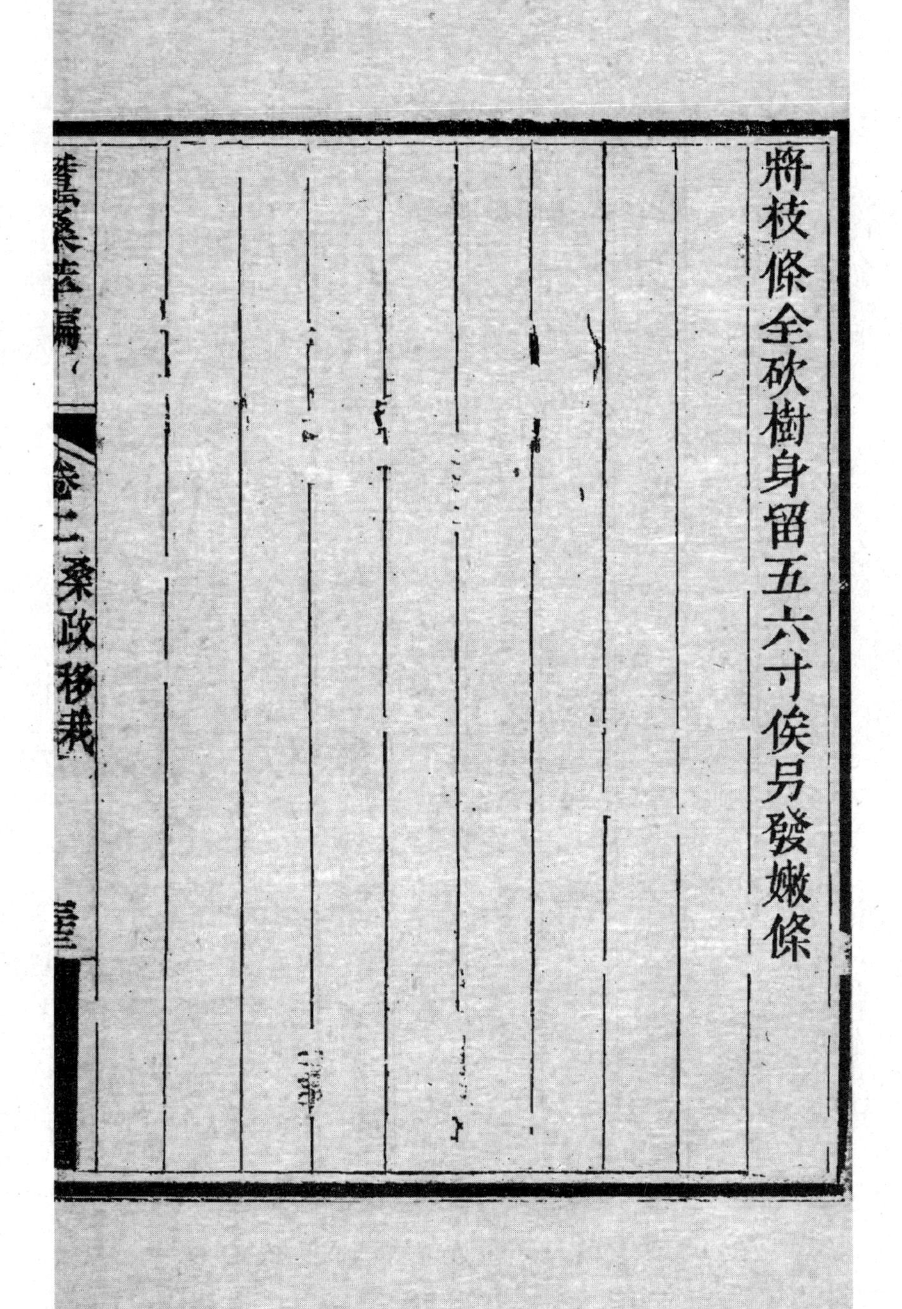
將枝條全砍樹身留五六寸俟另發嫩條

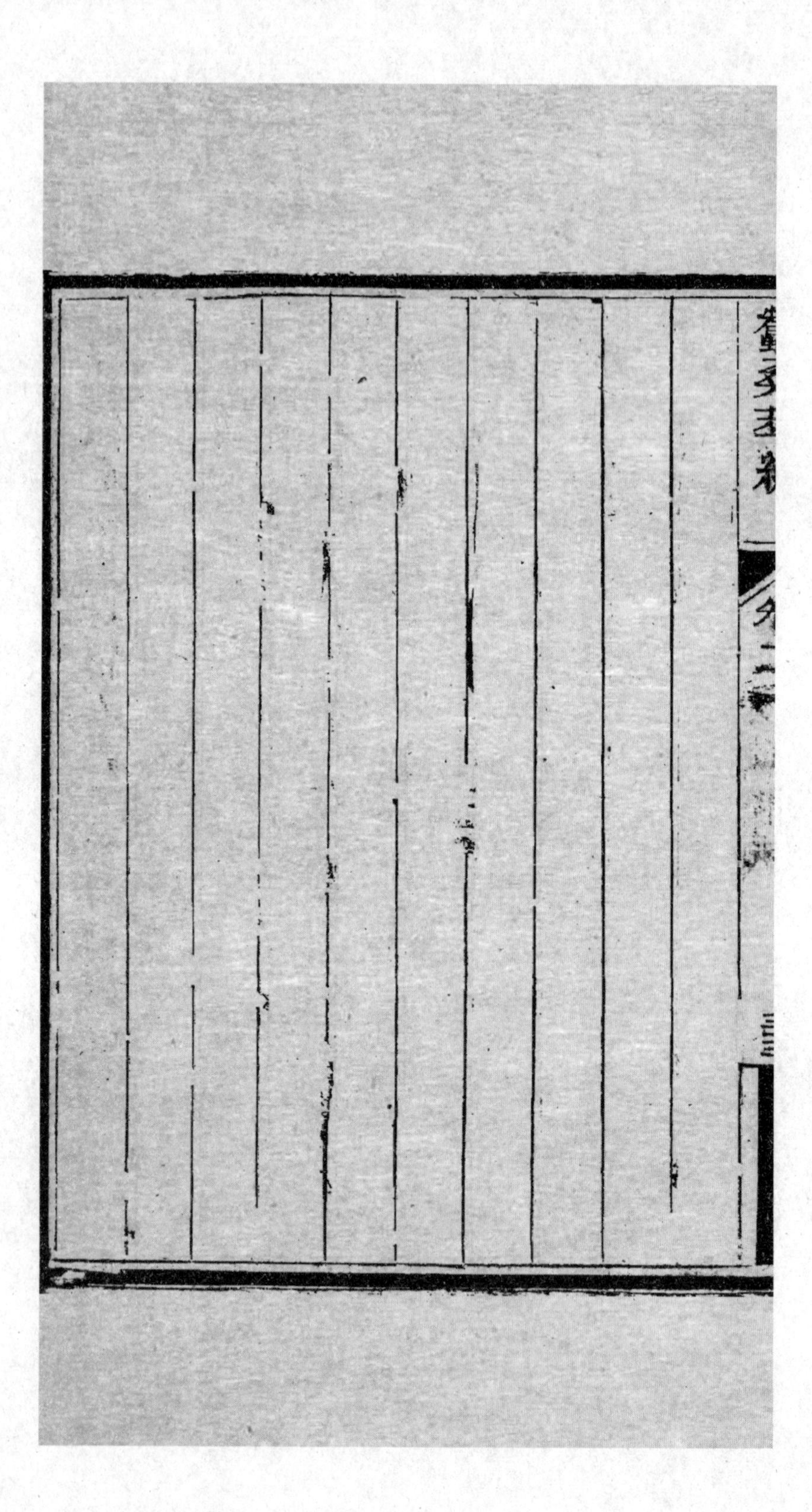

壓插類

壓接本桑

設椹苗小桑無處可覓則有壓條插枝諸法八月間擇接本桑之嫩長者攀至地壓以肥土數月卽生根明春就生根處截斷移栽他處不必再接

壓地桑

春氣初透先將地桑之旁直開小溝深四寸許次將地桑柔條折去梢頭三五寸攀條至溝橫卧用鈎橛釘住條短用二橛條長用三橛卧條須空懸不令著土離寸許卧條生芽分别去留四五月晴天巳午時

取泥和水攪匀晒熱擁卧條上成壟晚則澆水自生
根鬚秋間芽皆成條十月及次年春分前後砍斷本
根取出卧條節節截斷移栽他處

盤卧枝

秋間地未凍時先開畦掘坑一以畦之方深各二尺
餘用熟糞一二升和土置畦内以土覆之一於向陽
處掘深坑至臘月揀肥長魯桑條如接過之桑更好
快刀砍下將砍處用火微燒每四五十條與桿草爲
一束卧於向陽坑内覆以厚土春分後先爬畦次取
桑條將條盤曲以草索繫定卧栽畦内以薄土覆之

約三四指將土築實常澆水如留作樹桑俟芽條長高砍去旁枝三四年可成樹如留作地桑俟芽條微高再添糞土條長數尺即成地桑可飼蠶

插斜枝

春分後擇大葉魯桑條視眼頭萌動砍下約長一尺將兩頭砍處用火微燒每坑內斜插二三枝待芽苗出再封虛土三五寸如一伏日澆不斷潤無有不活每根留一條秋後可長數尺次年可飼蠶

插法不同

前法是臘月砍條埋坑內春分後取栽此法是春分

後砍桑條當時插前法是卧栽此法是斜插前法是
卧栽後覆土築實後法是斜插後不覆土俟芽出再
壅虛土

根接二

先宜用竹籤釘入砧盤用快刀將砧盤旁邊開小孔剔出孔內肌肉深一寸半下尖上濶大一指接頭下截左右各削一刀亦下尖上濶以接頭嵌入孔內務令緊密砧盤兩旁可開兩孔嵌兩枝此根接又一法也

身接二

鋸斷砧盤不必靠地將老樹身幹截去一半爲砧盤亦可但砧盤之頂離地太高不能附地壅土須將連界處用紙封固紙外包以破席形如仰盆內盛潤土

培養乾則澆水芽條雖出勿去包土俟秋天長定後

再去此身接又一法也

接博類

接時

桑不接則葉不美無論荆桑魯桑小葉大葉老桑均宜接法以春分前後桑葉冋靑時爲佳必須天氣晴暖得陽和之氣接時必待月暗自下弦至上弦時每月二十三日後至初八日前也晦日尤妙如上弦至下弦時並望日皆忌因地氣隨月而盛當月明時生機全在枝葉移則傷性接則傷氣也

精器具

鋸齒宜細粗則傷皮肉刀斧宜利鈍則損律液

截砧盤

接時將本樹鋸爲兩截上截爲枝梢下截爲砧盤如砧盤大宜高截低則地氣太壯如砧盤小宜低截高則地氣難應

選接頭

將魯桑枝條截下數寸接於砧盤上爲接頭以當年嫩條爲佳又桑條上半空下半實擇實者用之翦下接頭卽置筐內覆以溼布勿令見風日

辨骨肉

砧盤及接頭中心堅硬者爲骨骨外皮內靑輭者爲

肌肉

判上下

以接頭插入砧盤上下須仍其舊不可顛倒

謹嵌貼

以接頭插入砧盤爲嵌緊搭砧盤爲貼嵌貼不謹難以生活

慎包裹

接頭與砧盤連界處包裹不固則風寒易入受傷接頭上須以泥丸封口

通生氣

接頭包裹之外仍以土壅四圍惟接頭上須露出一二眼

酌去留

接活之後接頭與砧盤各發新芽須將砧盤上之芽拔去只留接頭上之芽

戒搖動

接後須護以荆棘方免人畜觸動接頭生枝高尺許用堅實柱子植其旁以繩繫枝於柱上可免風雨搖動

插接

本年所種大小桑秧次年清明前將本枝翦去大桑秧離地留二寸作砧盤小桑秧離地留一寸作砧盤用刀將砧盤之皮剖開少許取魯桑向南之嫩條粗如筷子翦二三寸長插入砧盤皮內以稻草一莖鬆紮之仍用泥壅四圍再作小泥丸套蓋枝尖惟所翦砧盤及另取接頭嫩條均要斜翦其嵌入砧盤時將接頭翦斜處向外乃活因桑之膏液皆從皮上流通必令接頭與本桑之皮彼此相向乃得浹洽

皮接

如接小桑樹不必截斷樹身清明前將本樹離地數

寸劃開樹皮斜如人字刀口長一寸半如樹大則劃
皮離地稍遠擇向陽好條斜翦二三寸爲接頭以接
頭下截翦斜向外插入本樹皮內用桑皮緊纏以潤
土封之勿令洩氣清明後即活次年接頭滋長始用
刀從本樹之背將上段截去勿傷接頭或於次年立
夏後將接頭以上本樹用刀橫劃則上段自枯令生
發之氣歸於接頭俟後年正月再將上段截去凡小
桑粗如酒杯接用此法大桑粗壯者接亦同倘接而
不活枝幹具在生氣無虧次年仍可再接

壓接

凡接小桑樹俟接本桑枝上發出桑眼擇本年新枝條用快小刀將桑眼週圍劃斷約半寸連皮肉帶眼及小心子即眼下骨上之芽心一並揭下以指甲尖剟起小心子帶於皮肉之上噙於口內次將應接桑樹截橫枝爲砧盤再取出口內桑眼印溼痕於砧盤上用快刀照溼痕四圍刻斷皮肉揭去不用將接頭上眼皮貼於砧盤骨上以眼向上不可顛倒上下兩頭以桑皮纏繞須鬆緊合宜太鬆則接頭本枝兩不相著太緊則皮勒受傷津液不通用牛糞泥封固將砧盤上桑眼一概掐去如此則全樹津液盡歸接頭

上矣

葉接

桑葉與枝分界處生小苞自苞以上爲葉苞以下爲枝苞附於桑枝皮外實生於桑枝皮內生苞處有小心子大如米粒爲生苞根本即生葉根本小滿後桑葉肥厚遇天氣晴明將從前接過桑樹翦下一條以快利小刀將條上有苞處四面靑皮一並劃開長七八分寬二分連苞帶皮以手揭下視皮內小心子無傷損可作接頭再於現在應接處直劈一縫即分開將苞下靑皮插入縫內苞留縫外以桑皮纏繞可發

生每一樹可接五六枝與壓接略同但壓接用桑眼
作接頭此用桑葉作接頭也

身接

凡桑不接不翦任其生長者毛桑也擇桑之粗如蔗
如盞者橫斜鋸斷砧盤離地約高三尺剖開砧盤之
皮取魯桑嫩枝三四段如法插入封以泥丸後接頭
上抽條長葉便成佳桑

劈接

以小鋸截樹身作砧盤用利刀削平砧盤之頂再以
刀口按定砧盤中心執斧背擊一下砧盤自劈兩半

拔出刀以木釘插入令縫分開將接頭下截兩面各削一刀插入劈縫之内須長短相合拔去木釘是否緊密否則拔出再削以緊密爲度用桑皮或紵麻纏繞露接頭上梢以溼土封固卽活接小桑亦可用此法如樹身梢大用刀横直各劈一下如十字可接四枝

根接

凡枝幹粗壯爲大桑樹大條短葉薄不能滋長爲廢桑皆未曾接過法先削竹籤一枝粗細比接頭一半一邊削平一邊削圓仍將竹籤下頭左右各削一刀

尖如馬耳次將桑樹靠地鋸斷爲砧盤以竹籤插於盤上骨肉之間或釘下亦可約深一寸半籤平面附骨插下圓背附肉插下接頭長五寸許用薄刀於接頭下截一寸半照竹籤樣削平一面餘不必削次於下頭削馬耳形拔出竹籤將接頭插入砧盤孔內接頭與砧盤須以骨對骨以肌肉對肌肉務令緊密連界處用新牛糞和土四圍包裹以溼土封堆須露桑眼一二箇以洩其氣當年可長八九尺

澆灌類

桑苗

種椹之後苗初生至數寸用糞一分水九分和勻澆之水氣所到則糞力亦到或用便溺和水澆之極佳若徒用糞而不和水不惟無益反燒損苗根

小桑

條葉未壯其根尚淺護根之土須帶潤澤視土氣乾即澆水若過乾或過溼均受傷

大桑

桑陰茂密其根已深土乾無妨隨時可澆糞勿勤澆

水

先積糞

桑性喜肥肥則葉厚而光潤故早日積糞爲要人糞力大宜陳不宜新新則力猛恐傷桑樹

糞和水

用糞宜稀不宜稠稀則氣易到稠則氣難周以水和糞則糞與水相融洽用極得力無論人糞牲畜糞皆宜和水

壓枝

以水澆本根並澆所壓之枝不用糞

插條

宜常澆水伏天尤爲緊要不用糞

大小桑

移栽之後已經成活以糞一分水九分和勻澆之平時則用二糞八水

接本桑

移栽之後以糞二分水八分和勻澆之俟眼頭胖時用三糞七水澆兩次次年澆糞水五分

大桑

樹茂成陰冬月正月澆人糞各一次清明時又澆人

糞一次四月翦桑畢再澆人糞不可遲延蠶大眠時桑脂正旺開翦後脂必流出將土鋤鬆澆以水糞則桑根氣暢自能攝脂使不上溢澆糞時將樹脚之上四面掘開以糞水灌其根用土覆蓋愈肥愈妙或樹旁掘小坑以糞水灌坑内覆土使肥氣下行亦可如用騾馬糞須置坑内加水作爛每畝用糞四十石以水和薄便有八十石

地園大小桑

凡地園等處栽桑尚有餘地可以兼種菜蔬豆棉等項但未免分地之肥澆桑之糞可以從厚

糞忌

小蠶食葉時不可澆糞恐蠶食其葉當眠不眠或食肥葉受傷

培壅類

積物

農諺云家不興少心齊桑不興少河泥故培桑以河泥爲要無之則湖泥塘泥溝泥及灰土渣滓等物均宜或壅以蠶矢豆餅棉餅騾馬糞尤佳

擇時

壅桑須在立春以前未春先下壅則肥氣下降俟桑根一行便沾肥氣

壅法

以泥晒乾敲細如粉餅糞上須蓋泥以防惡物蹧踏

傷及桑根樹旁壅土須中高旁低低處四圍又微高如池形以便澆水

效驗

雨淋土剝桑根往往露出土外縱澆糞亦不全盛壅以泥物藉此培補免至老根呈露桑性喜燥壅以肥物則土鬆雨過便乾桑性喜肥壅以豆餅等物則肥氣浸潤桑眼自然飽綻則發葉茂盛而肥壯

耘鋤類

去草

桑下有草分肥而氣弱蕪穢積則生蟲宜常鋤掘務使寸草不生桑自榮茂或有蟲亦易捕治

瓦石

桑下有妨碍等類如碎石片瓦磚灰均損桑根生機不暢須用鐵鈀鋤去則根肥而條達

剗草

苗生寸許草生尤甚卽亟去之不曰拔曰薅而曰剗以手全扯拔也以鋤鉤榜薅也二者均傷苗根非剗

之不爲功又非用鐮割也惟小刀得法乃能絶其根本勿使能植則良苗滋長矣

割法

桑苗齊生不可傷損如長工夫粗人均非能細割也惟傭民間婦女靜而能守者分畦割之或一人一畦或二三人一畦不可擁擠一處以防閒談誤割之弊直局有包畦包畝之法視畦大小議工價多寡約百畝之地割一次需價銀十兩之譜其歌曰輕小利刀纖纖手斬草絶根勿再有以割勝撈通地氣用糞用澆不可苟

修翦類

時令

臘月桑枝津液未行正月桑枝萌芽未出宜及時修翦四月飼頭蠶採葉不翦枝五六月飼二蠶將應去之條連枝葉並翦須留一尺或二尺擇粗壯者一二枝全留之如不養二蠶則頭蠶採葉時並翦繁枝令年修翦不過時則條長肥美次年桑葉必早發

删繁

枝條少則葉肥其應删有八必不可留曰枯條曰細小不堪之條曰瀝水條向下垂也曰刺身條向裡生

也去一留一曰駢指條枝並生而留旺也留少去多
曰宂挫條稠雜叢生也不可留而留曰遠揚曰腳科
遠出細長也根下細條也如欲爲壓桑之用則暫留
否則砍去

去梢

樹不可太高高則礙採須去梢留杈大約小桑身留
一尺枝四層每層各留一尺共計五層高五尺每樹
共留十六枝又大桑身留三尺樹枝兩層每層各留
一尺共計三層高五尺每樹共留二十五枝以後每
年翦條均比齊老瘢照舊樣翦之凡五層及三層每

年照數翦留不令再長凡十六枝及二十五枝每年照數留存不必多留如此則樹頭皆成拳形條柔枝嫩葉潤如掌且樹身大而不高尤便採摘

接本桑去梢留杈

本年移栽之接本桑五年內分爲五層頭年離地一尺翦去梢子以後每年均依次序翦法不可錯亂

第一層

翦梢之後卽抽出新條俟葉大如錢留好條兩枝其餘旁出枝條概行删去所留枝暫不翦梢此一層修翦也

第二層

第二年春天又長新條除所留兩枝外餘皆刪去俟本年冬臘月再將所留兩條翦去梢子其形如杈每杈各留一尺此二層修翦也

第三層

第三年春天又長新條立夏後將第二年所留兩枝上各留兩枝共四枝餘皆刪去所留四枝暫不翦梢俟本年冬臘月及次年清明前再將此四枝各留一尺翦去梢子此三層修翦也

第四層

第四年春天又長新條立夏後將第三年所留四枝上各留兩枝共八枝餘皆删去所留八枝暫不翦梢俟本年冬臘月及次年清明前再將此八枝各留一尺翦去梢子此四層修翦也

第五層

第五年春天又長新條立夏後將第四年所留八枝上各留兩枝共十六枝餘皆删去並將十六枝各留一尺翦去梢子此五層修翦也以後不再留杈每年立夏後將十六枝上嫩條枝葉一並翦下摘葉飼蠶

壓桑插桑去梢留杈

壓枝插條應用接本桑上之枝與條以後不必再接今年壓次年移即以移之年爲第一年今年插次年不再移即以插之年爲第一年凡五年內去梢留杈均與接本桑同

接换桑秧去梢留杈

大小桑秧移栽翦梢俟抽條長葉留粗枝一條今年移栽次年接换須將本桑斜翦離地留一二寸接後芽條出自本桑者必須摘去出自接頭者俟高一二尺留好條一枝餘皆删去冬臘月將所留之條翦去梢子離地高尺許爲第一層

分層

第二層留兩杈第三層留四杈第四層留八杈第五層留十六杈均照接本桑法

分年

接本桑以移栽之年爲第一年每年留一層留五層爲五年大小桑秧今年移栽次年接換以換年爲第一年留五層亦五年若以移年爲第一年留五層便是六年其初移栽太密今年移次年換三年須再移以移年爲第一年留五層亦是五年若以初栽年爲第一年留五層便是第七年

大桑去梢留杈

凡修大桑樹只分三層將五大枝上各留五小枝共二十五枝餘概翦去

第一層

原有大桑樹冬臘月將樹身鋸斷離地留三尺此一層修翦也

第二層

第二年春天新條抽出至四月翦桑飼蠶時擇肥壯者留五枝其餘旁枝概删去摘葉所留五枝暫不翦梢俟本年冬蜡月及次年清明前再將此五枝各留

一尺翦去梢子此二層修翦也

第三層

第三年春天又復抽條至四月翦桑飼蠶時將所留五枝上又各留五枝共二十五枝其餘旁枝概删去摘葉所留二十五枝暫不翦梢俟本年冬蜡月及次年清明前再將此二十五枝各留一尺翦去梢子此三層修翦也以後再不留杈每年立夏後將二十五枝上所生嫩條連枝帶葉一並翦下摘葉飼蠶

補空缺

翦修合式則桑之四面圓如雨蓋儻缺而不圓須於

缺處多留數枝

砍全

桑栽三年以上有芽葉不旺者或樹老中空者穀雨時以硬木貼樹身將枝條全行砍去樹身距地留二三寸或五六寸立夏後不宜此法砍後以土封瘢並以肥土壅樹四圍旱則澆之自然復茂

剪地桑

地桑與樹桑不同樹桑去梢留杈修剪齊杈上老瘢地桑不去梢修剪必須靠土移栽後俟桑芽出土四五指每一顆留一二條餘皆靠土剪去次年靠土劖

條摘葉割後每一根盤又出數芽留四五條餘皆靠
土翦去以後根漸旺條漸多
又地桑壓枝者俟臥條生芽狀如耙齒時約五寸留
一芽餘皆剃去
又地桑五年後根相交則不旺春時將相交之根砍
斷掘去添糞土澆水及得甘雨復見暢旺

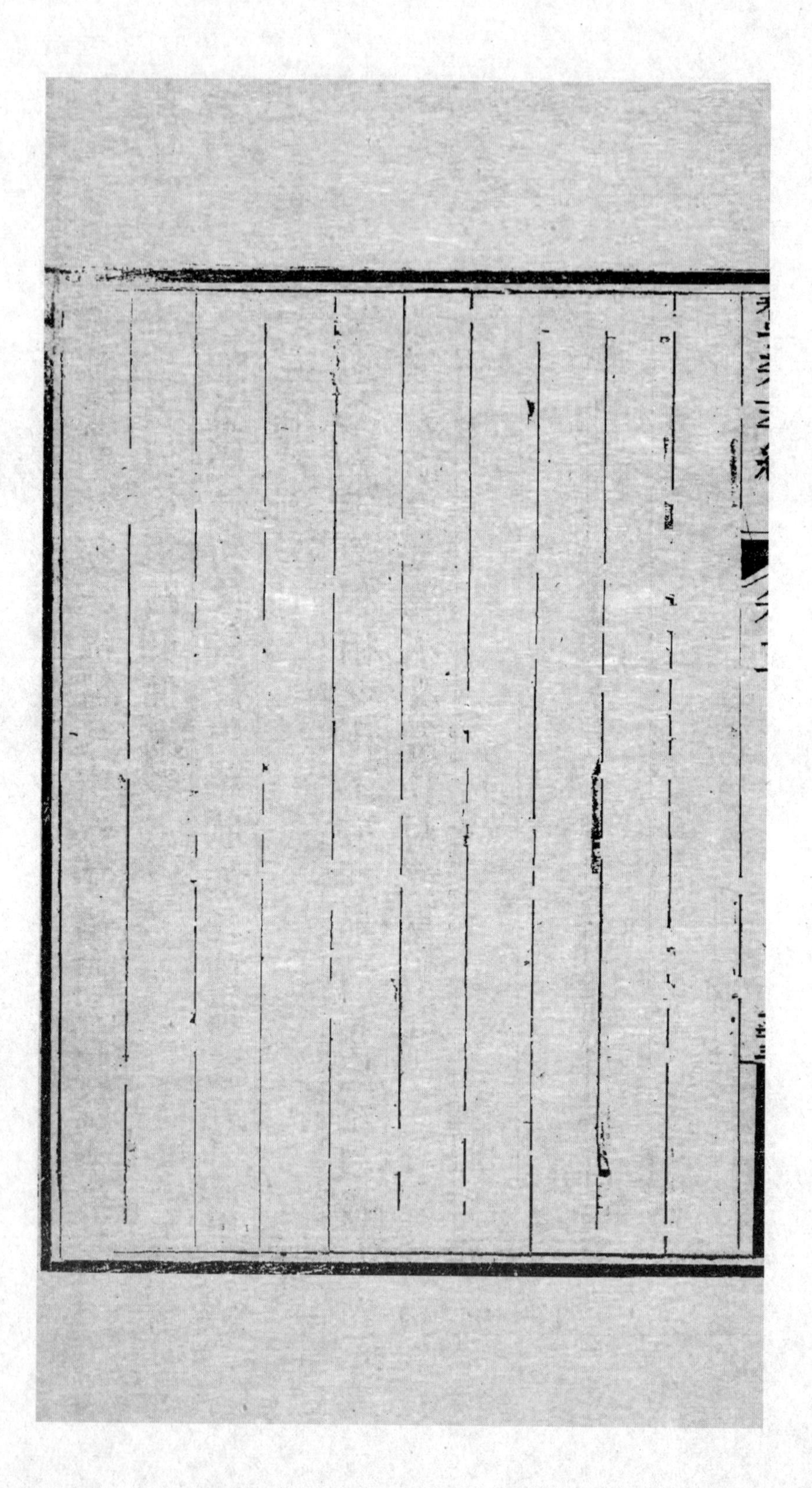

護桑類

去水

水漬傷根萬無活理須培土作埂栽桑於埂上四面開溝以消漬水前水栽條言留水得泥之埂此言作埂栽桑以避以洩

挑桑眼

桑眼將萌時大雨後須逐株查看如被泥水糊眼即速挑開否則壞矣雨一番必查一番

防凍

桑芽已萌最畏霜凍倘春天陡寒北風大作皆傷桑

枝先於樹北築土墻或編葦籬以避寒氣

去苔

桑皮生黑苔成塊用刮桑鉋刮去勿使蔓延若不刮

去葉即枯槁矣

治蟲類

皮內蟲

蟲生於桑樹皮內名天水牛又名桑牛俗名牽牛小滿後下卵必齧破樹皮藏卵於皮內芒種後變蟲形如蛆吮樹脂膏近夏至漸鑽穴而入秋冬間大如螬蠐身長足短名蝤蠐一名蝎又名蠹食樹心穿木如錐次年三四月成蛹變爲天水牛兩角如八字形似牛角或有一角色黑背有白點緣木上下口有雙鉗其利如翦新發之條齧之卽折

樹木身及大枝上流黃水處剔破其皮中有卵如米粒取而碎之如子已成蟲須尋蟲穴穴外必有蛀屑用鐵絲刺穴或用鐵絲作小鈎將蟲鈎出如深入難治則用藥治之

治蟲二

一用百部草以水浸爛勿洩氣將汁灌入蟲必死一用熟桐油灌入穴內一用爆竹藥線插穴內燃之此蟲至初一日至十五日其頭向上宜十五前清晨時治之天未明時蟲出穴飲露易治或歸穴未深亦可治

治蟲三

蟲已變天水牛則緣樹而飛但飛騰不遠急宜捕治

皮外蟲

曰蠦蛛曰步屈曰麻蟲曰桑狗曰白蠶皆食葉者也

葉雖肥大一經蟲食葉如麻布次年葉不茂

治法

一用木棍横掃桑葉蟲自跌落下鋪席簟將蟲捕打

一用煙葉梗熬汁和水一用百部巴豆浸汁以欆帚

醮汁洒於葉上令蟲食葉而死皆宜早治勿留次年

爲害

桑蟥

生子在桑身上或桑拳及桑丫內子浮皮內微高起成堆色與桑皮稍別用刮桑刀刮下每年刮蟥三次冬春看頭蟥清明節前看二蟥翦桑畢看三蟥務必刮盡如蟥已成六月捉頭蟥七月捉二蟥頭蟥宜細看如頭蟥留一則二蟥便成百也

桑蝨

初生如白屑漸成細粒如蘿蔔子半大吸桑皮之漿皮漸稿葉漸枯用刮桑鉋刮之治之不早樹已受傷如見白點時用巴豆研細和豆油以櫻帚醮油掃之

亦可治

齧蟲

蟲生桑樹皮外入居皮內名齧桑又名齧髮似天水牛淺黃色角差短身有白點喜緣桑上齧桑樹作孔而入當以治蛸螬之法治之

蟯蝢

蟲生桑樹上晝伏夜動性與他蟲迥別名蟯蝢虫晝潛樹上夜出食葉

時蟲

蟲不生於桑樹而食桑葉名時蟲夏初遇西南風酉

戌時從土中飛出食葉至卯時復入土蟯蝖晝潛樹
上晝尚可捉時蟲晝藏土中難於尋覓法用夜間燃
火蟲見火光紛紛投入火內但火宜遠燒於下風恐
葉忌煙薰

兼種類

種益

桑間有餘地不可荒棄宜種黍因桑發黍黍亦發桑也宜種綠豆黑豆二豆能肥美也宜種蔓菁芝麻綿花及一切菜蔬蔓菁諸物皆柔潤也桑下之土隨時掘鬆自然茂盛

種忌

桑間不宜種瓜及一切藤蔓之物恐桑被糾纏葉不暢茂易於生虫不宜種大麥桑內有麥蠶食必壞不宜種粟穀將地脉亢乾秋則桑先黃次年葉薄十減

一二不宜種藷薯梢葉相等叢雜不茂不宜種楊柳恐易於生蟲

附全四册目録